통계계산을 위한

기초수치해석

김영훈 지음

教友社

머 리 말

본 서에서는 수치해석의 기초적인 내용을 다루고자 한다. 자료, 수식, 수치모형 등은 우리가 일상에서 부딪히는 것으로 어떠한 목적에 의해 생산되거나 사용되고 있다. 이러한 수치 문제를 적절한 도구를 사용하여 효율적으로 다룰 수 있다면 더 값어치 있는 정보를 활용할 수 있을 것이다. 이렇듯 해결해야 할 상황을 효과적으로 조정하기 위해서는 수치해석이 필수적으로 요구되기도 한다.

여기서는 수치적 방법을 이해하는데 기본이 되는 Taylor 다항식과 다항식을 컴퓨터에서 경제적으로 취급하는 방법을 소개하는 것으로 시작한다. 해석학적으로 다루기 힘든 비선형방정식의 해를 구하는 문제, 연립선형방정식의 해를 구하는 문제와 이를 행렬로 처리하는 내용, 주어진 자료 또는 함수를 보간하는 문제와 잘 적합시키는 방법, 적분을 수치적인 방법으로 다루는 내용 등을 간단하게 소개하고자 한다.

수치해석은 어렵다는 선견을 가지는 이유는 수식의 사용으로 인한 계산의 복잡성과 컴퓨터 프로그램 작성에 기인하기도 한다. 계산부분을 관련 소프트웨어를 사용하여 해결하는 것도 하나의 극복 방법이 된다. 여기서는 예시한 수치적 방법을 알고리즘과 프로그램으로 해결하고자 하였다. 이 책에서 기술한 알고리즘은 최적화하지 않고, 유도된 수식에서 직관적으로 이해할 수 있도록 작성되었다. 그리고 프로그램은 주어진 알고리즘에 가능한 충실하도록 구현하였다.

쉽지가 않다고 미리 생각해버리는 수치해석의 기본적인 내용을 보다 쉽게 이해하도록 노력하였지만 부족한 면이 있으리라 사료되고, 이 점은 추후 보완하도록 하겠다. 본 서가 나오는데 도움을 준 자랑스러운 우리 학생들, 동행 그리고 관계자에게 감사한 마음을 전한다.

마지막으로 수치해석적 방법을 이해하고 사용하는데 조그마한 도움이라도 되기를 바란다.

2011.

저자 書

차 례

제1장

Taylor 다항식과 다항식 계산

이 장에서 다루는 주요 내용은 다음과 같다.

- ○ Taylor 다항식
- ○ 다항식 계산

1.1 Taylor 다항식

함수 $f(x)$ 가운데 지수함수, 로그함수, 삼각함수 등의 값은 직접 구하는 것이 쉽지가 않다. 이러한 함수의 값은 근사적으로 구할 수 있으며, 다항식 근사함수를 구하는 방법도 여러 가지가 있다. 그 중에서 다루기가 어렵지 않고, 이해도 쉬운 것이 Taylor 다항식이다. 이 다항식은 수치해석의 다른 영역에서도 사용되는 매우 중요한 것이다.

Taylor 다항식을 구하기 위하여 먼저 다음 정리를 보자.

정리 1.1.1 (Taylor 정리)

임의의 점 $x \in I$ 에 대하여 함수 f 가 폐구간 $[a,b]$ 에서 $(n+1)$ 번 미분가능하고, c 가 $[a,b]$ 내의 임의의 점이라고 하자. 그러면 모든 $x \in [a,b]$ 에 대하여 다음 식을 만족하는 ξ 가 x 와 c 사이에 존재한다.

$$f(x) = P_n(x) + R_n(x) \tag{1.1.1}$$

여기서

$$P_n(x) = \sum_{j=0}^{n} \frac{f^{(j)}(c)}{j!}(x-c)^j \tag{1.1.2}$$

$$R_n(x) = \frac{f^{(n+1)}(\xi)}{(n+1)!}(x-c)^{n+1} \tag{1.1.3}$$

위 Taylor 정리에서 다항식 $P_n(x)$ 를 n 차 Taylor 다항식이라고 부르고, $R_n(x)$ 를 나머지항(remainder term) 또는 절단오차(truncation error)라고 부른다. 특히 $c=0$ 인 경우, $P_n(x)$ 를 Maclaurin 다항식이라고 부른다.

예제 1.1.1

함수 $f(x)=\sin(x)$ 는 Taylor 정리의 가정을 만족한다. $c=0$ 에서 5차 Taylor 다항식을 구해보자. 5차까지의 도함수와 $c=0$ 에서의 도함수의 값은 다음과 같다.

$$\begin{aligned} f(x) &= \sin(x), & f(0) &= 0 \\ f'(x) &= \cos(x), & f'(0) &= 1 \\ f''(x) &= -\sin(x), & f''(0) &= 0 \\ f^{(3)}(x) &= -\cos(x), & f^{(3)}(0) &= -1 \\ f^{(4)}(x) &= \sin(x), & f^{(4)}(0) &= 0 \\ f^{(5)}(x) &= \cos(x), & f^{(5)}(0) &= 1 \end{aligned}$$

따라서 5차 Taylor 다항식 $P_5(x)$ 는 다음과 같다.

$$P_5(x) = \sum_{j=0}^{5} \frac{f^{(j)}(0)}{j!}(x-0)^j = x - \frac{x^3}{3!} + \frac{x^5}{5!}$$

예제 1.1.2

함수 $f(x)=e^x$ 에 대하여 $c=0$ 에서 1차, 2차, 3차, 4차 Taylor 다항식을 구하고, $x=0.1$ 에서의 오차를 계산해보자. 도함수는

$$f'(x) = e^x = f''(x) = f^{(3)}(x) = f^{(4)}(x)$$

이고

$$f(0) = f'(0) = f''(0) = f^{(3)}(0) = f^{(4)}(0) = 1$$

이 된다. 따라서 Taylor 다항식은 각각 다음과 같다.

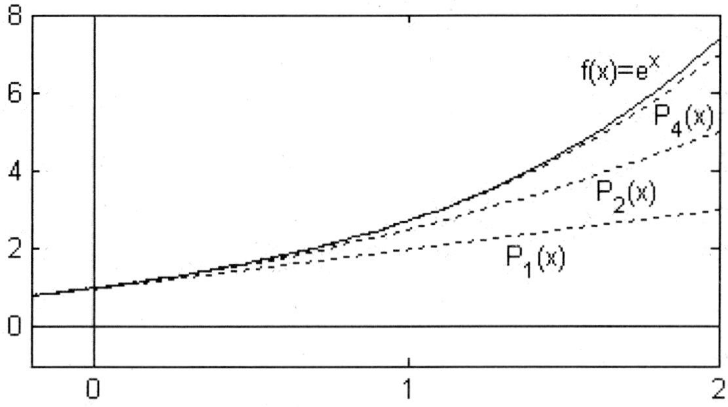

그림 1.1.1 함수와 Taylor 다항식

$$P_1(x) = 1 + x$$

$$P_2(x) = 1 + x + \frac{x^2}{2!}$$

$$P_3(x) = 1 + x + \frac{x^2}{2!} + \frac{x^3}{3!}$$

$$P_4(x) = 1 + x + \frac{x^2}{2!} + \frac{x^3}{3!} + \frac{x^4}{4!}$$

Taylor 다항식을 그래프로 나타내면 그림 1.1.1과 같다. 그리고 $x = 0.1$ 에서의 Taylor 다항식의 값은

$$P_1(0.1) = 1.1,\ \ P_2(0.1) = 1.105,\ \ P_3(0.1) = 1.10517,\ \ P_4(0.1) = 1.10517083$$

이 되고, 오차 $E_n(x) = e^{0.1} - p_n(x)$ 는 각각

$$E_1(0.1) = 0.0052,\ \ E_2(0.1) = 1.7092 \times 10^{-4},$$
$$E_3(0.1) = 8.1808 \times 10^{-7},\ \ E_4(0.1) = 8.04742 \times 10^{-8}$$

이다.

$x = -1.0,\ -0.6,\ -0.2,\ 0,\ 0.2,\ 0.6,\ 1.0$ 에서의 근삿값과 오차 $E_n(x) = e^x - P_n(x)$ 를 계산한 것이 각각 표 1.1.1과 표 1.1.2이다. 고정된 x 에서는 Taylor 다항식 $P_n(x)$ 의 차수 n 이 증가하면 오차는 적어진다. 다항식의 차수 n 이 고정된 경우 x 가 $c = 0$ 에서 멀어지면 오차는 증가한다.

표 1.1.1 Taylor 다항식의 근삿값($f(x)=e^x$, $c=0$)

x	$P_1(x)$	$P_2(x)$	$P_3(x)$	$P_4(x)$	e^x
-1.0	0	0.50	0.333	0.3750	0.36788
-0.6	0.4	0.58	0.544	0.5494	0.54881
-0.2	0.8	0.82	0.819	0.8187	0.81873
0	1.0	1.00	1.000	1.0000	1.00000
0.2	1.2	1.22	1.221	1.2214	1.22140
0.6	1.6	1.78	1.816	1.8214	1.82212
1.0	2.0	2.50	2.667	2.7083	2.71828

표 1.1.2 Taylor 다항식의 오차($f(x)=e^x$, $c=0$)

x	$E_1(x)$	$E_2(x)$	$E_3(x)$	$E_4(x)$
-1.0	3.6788e-1	-1.3212e-1	3.4546e-2	-7.1206e-3
-0.6	1.4881e-1	-3.1188e-2	4.8116e-3	-5.8836e-4
-0.2	1.8731e-2	-1.2692e-3	6.4086e-5	-2.5803e-6
0	0	0	0	0
0.2	2.1403e-2	1.4028e-3	6.9425e-5	2.7582e-6
0.6	2.2212e-1	4.2119e-2	6.1188e-3	7.1880e-4
1.0	7.1828e-1	2.1828e-1	5.1615e-2	9.9485e-3

함수 $f(x)=e^x$ 이고 $c=0$ 인 경우 n 차 Taylor 다항식은 다음과 같다.

$$P_n(x)=1+x+\frac{x^2}{2!}+\cdots+\frac{x^n}{n!}=\sum_{j=0}^{n}\frac{x^j}{j!} \tag{1.1.4}$$

예제 1.1.3

함수 $f(x)=e^1$ 에 대하여 $c=0$ 에서 n 차 Taylor 다항식은 식 (1.1.4)으로부터 다음과 같다.

$$P_n(x) = 1 + 1 + \frac{1}{2!} + \frac{1}{3!} + \cdots + \frac{1}{n!}$$

오차가 10^{-7} 보다 작은 e^x 의 근삿값을 계산하고자 한다. 이때 필요한 Taylor 다항식의 차수 n을 구해보자. Taylor 정리에서 오차인 나머지항은 다음과 같다.

$$R_n(1) = e - P_n(1) = \frac{e^{\xi}}{(n+1)!}, \quad 0 \le \xi \le 1$$

ξ 는 0과 1사이에 있으므로 $|e^{\xi}| \le e \le 3$ 이 성립한다. 따라서 오차가 10^{-7} 보다 작은 근삿값은 다음 식을 만족하는 n을 알면 구할 수 있다.

$$R_n(1) < \frac{3}{(n+1)!} \le 10^{-7}$$

이 식은 $n \ge 10$ 이면 성립하므로 오차가 10^{-7} 보다 작은 e^x 의 근사다항식은 10차 Taylor 다항식 $P_{10}(x)$ 이다.

$$P_{10}(x) = 1 + 1 + \frac{1}{2!} + \frac{1}{3!} + \cdots + \frac{1}{10!}$$

다음의 표 1.1.3은 일반적으로 널리 사용되는 $c = 0$ 에서의 Taylor 다항식인 Maclaurin 다항식이다. 표 1.1.3에서 아래 식을 이항계수(binomial co-efficient)라고 부른다.

$$\binom{\alpha}{k} = \frac{\alpha!}{k!(\alpha-k)!} = \frac{\alpha(\alpha-1)(\alpha-2)\cdots(\alpha-k+1)}{k(k-1)(k-2)\cdots 1} = \prod_{j=1}^{k} \frac{\alpha-k+j}{j}$$

예제 1.1.4

다음 적분의 근삿값을 Taylor 다항식을 사용하여 구해보자.

$$\int_0^x \sin(t^2)dt, \quad -1 \le x \le 1$$

그리고 $x = 0.7$ 인 경우 최대오차가 5×10^{-7} 보다 작도록 근삿값을 구해보자.

먼저 $\sin(t)$ 의 Taylor 다항식과 나머지항은 다음과 같다.

표 1.1.3 Maclaurin 다항식(Taylor 다항식, $c=0$)

$$e^x = 1+x+\frac{x^2}{2!}+\frac{x^3}{3!}+\cdots+\frac{x^n}{n!}$$

$$\ln(1+x) = x-\frac{x^2}{2}+\frac{x^3}{3}-\frac{x^4}{4}+\cdots+(-1)^{n-1}\frac{x^n}{n!}$$

$$\frac{1}{1-x} = 1+x+x^2+x^3+\cdots+x^n,\quad x\neq 1$$

$$(1+x)^\alpha = 1+\binom{\alpha}{1}x+\binom{\alpha}{2}x^2+\binom{\alpha}{3}x^3+\cdots+\binom{\alpha}{n}x^n$$

$$\sin(x) = x-\frac{x^3}{3!}+\frac{x^5}{5!}-\cdots+(-1)^{n-1}\frac{x^{2n-1}}{(2n-1)!}$$

$$\cos(x) = 1-\frac{x^2}{2!}+\frac{x^4}{4!}-\cdots+(-1)^n\frac{x^{2n}}{(2n)!}$$

$$\sin(t)=t-\frac{t^3}{3!}+\frac{t^5}{5!}-\cdots+(-1)^{n-1}\frac{t^{2n-1}}{(2n-1)!}+R_{2n-1}(t)$$

$$R_{2n-1}(t)=(-1)^n\frac{t^{2n+1}}{(2n+1)!}\cos(\xi)$$

위 식에서 t 대신에 t^2을 대입한 다음, 적분을 하면 다음과 같다.

$$\int_0^x \sin(t^2)dt=\frac{x^3}{3}-\frac{x^7}{3!7}+\frac{x^{11}}{5!11}-\cdots+(-1)^{n-1}\frac{x^{4n-1}}{(2n-1)!(4n-1)}+\int_0^x(-1)^n\frac{t^{4n+2}}{(2n+1)!}\cos(\xi)dt$$

따라서 위 식의 우변에서 적분 부분은 나머지항이고, 그 외 부분이 적분의 근사다항식이 된다. 즉, 근사다항식은 다음과 같다.

$$P_n(x)=\frac{x^3}{3}-\frac{x^7}{3!7}+\frac{x^{11}}{5!11}-\cdots+(-1)^{n-1}\frac{x^{4n-1}}{(2n-1)!(4n-1)}$$

그리고 나머지항을 살펴보면

$$\left|\int_0^x(-1)^n\frac{t^{4n+2}}{(2n+1)!}\cos(\xi)dt\right| = \left|(-1)^n\frac{x^{4n+3}}{(2n+1)!(4n+3)}\cos(\xi)\right|$$

이 된다. $|\cos(\xi)|\le 1$이므로 $|x|\le 1$에 대하여 부등식

$$\frac{1}{(2n+1)!(4n+3)} \le 5\times 10^{-7}$$

를 만족하는 n을 구하면 $n \ge 4$이 된다.

따라서 다음 적분의 근삿값은 오차가 5×10^{-7}보다 작다.

$$\int_0^{0.7} \sin(t^2)dt \approx \frac{(0.7)^3}{3} - \frac{(0.7)^7}{3!7} + \frac{(0.7)^{11}}{5!11} - \frac{(0.7)^{15}}{7!15} \approx 0.1123874336$$

1.2 다항식 계산

다음은 n차 다항식을 나타낸다.

$$P(x) = a_0 + a_1 x_1 + a_2 x^2 + \cdots + a_{n-1}x^{n-1} + a_n x^n,\ \ a_n \ne 0 \tag{1.2.1}$$

효율적으로 다항식을 계산하는 방법을 보기 위하여 $n=5$인 경우를 살펴보자.

$$P(x) = 2 + 3x + 5x^2 + 8x^3 + 7x^4 + 9x^5 \tag{1.2.2}$$

여기서 $5x^2$을 계산하는데 2번의 곱셈이 필요하다. 따라서 $P(x)$를 계산하기 위해서는 0+1+2+3+4+5=15번의 곱셈이 요구된다. 그리고 이 다항식을 다음과 같은 괄호형식(nested form)으로 표현해서 계산할 수도 있다.

$$P(x) = 2 + x(3 + x(5 + x(8 + x(7 + 9x)))) \tag{1.2.3}$$

이 표현식으로 계산한다면 5번의 곱셈연산이 요구된다. 따라서 상당한 비용감소의 효과를 얻게 된다. 다항식의 차수가 증가하면 이 비용감소의 효과는 더 크게 된다.

일반적으로 n차 다항식을 괄호형식으로 표현하면 다음과 같다.

$$P(x) = a_0 + x(a_1 + x(a_2 + \cdots + x(a_{n-1} + a_n x)\cdots) \tag{1.2.4}$$

다항식을 식 (1.2.1)과 같이 계산하면 $n(n+1)/2$회의 곱셈연산을 하게 되지만, 식 (1.2.4)를 사용하여 계산하면 단지 n번의 곱셈연산을 하게 된다.

예제 1.2.1

다음 다항식을 괄호형식으로 표현해보자.

$$P(x) = 2 + 4(x-1)^2 + 5(x-1)^4 + 9(x-1)^6 + 3(x-1)^8$$

이 식에서 $y = (x-1)^2$ 으로 두면

$$P(x) = 2 + 4y + 5y^2 + 9y^3 + 3y^4 = 2 + y(4 + y(5 + y(9 + y \cdot 3)))$$

이 된다. 그리고 이 다항식의 계산은 안쪽 괄호부터 하며 다음 순서를 따르면 된다.

$$\begin{aligned} &p \leftarrow 3 \\ &p \leftarrow 9 + y \times p \\ &p \leftarrow 5 + y \times p \\ &p \leftarrow 4 + y \times p \\ &p \leftarrow 2 + y \times p \end{aligned}$$

괄호형식으로 나타낸 n차 다항식을 계산하는 알고리즘은 다음과 같다.

알고리즘 1.2.1 괄호형식

```
% input  : n, a_i, x
% output : P = nested form (1.2.4)
P = a_n
for j = n-1,n-2,⋯,0  do
        P = a_j + x×P
```

이 알고리즘은 Honer 방법(Honer's method)라고도 부른다.

연습문제

1-1 다음 함수 $f(x)$ 에 대하여 1차, 2차, 3차 Taylor 다항식을 구하시오

(1) $f(x)=\ln(x), \quad c=1$

(2) $f(x)=\sqrt{x}, \quad c=1$

(3) $f(x)=\sqrt{1+x}, \quad c=0$

(4) $f(x)=(1-x)^{-1}, \quad c=0$

(5) $f(x)=1/(1+x)^2, \quad c=0$

(6) $f(x)=6+5x+4x^2+3x^3+4x^4+7x^5, \quad c=0$

(7) $f(x)=\cos(x), \quad c=0$

(8) $f(x)=e^{x^2}, \quad c=0$

(9) $f(x)=e^{\cos(x)}, \quad c=0$

1-2 예제 1.1.3에서 $P_{10}(1)$ 과 $E_{10}(1)$ 을 구하시오. 또 이를 계산하는 프로그램을 작성하시오.

1-3 다음 적분에 대하여 아래 물음에 답하시오.

$$\int_0^x \cos(t^2)dt, \quad -1 \le x \le 1$$

(1) n차 Taylor 다항식을 구하시오.

(2) 최대오차가 5×10^{-7} 보다 작게 되는 다항식의 차수 n을 계산하시오.

(3) $x=0.5$ 인 경우 적분의 근삿값을 계산하시오.

(4) $x=0.5$ 인 경우 적분의 근삿값을 계산하는 프로그램을 작성하시오.

1-4 다음 적분에 대하여 아래 물음에 답하시오.

$$\frac{1}{x}\int_0^x \frac{1-\cos(t)}{t^2}dt, \quad -1 \le x \le 1$$

(1) n차 Taylor 다항식을 구하시오.

(2) 최대오차가 5×10^{-7} 보다 작게 되는 다항식의 차수 n을 계산하시오.

(3) $x=0.3$인 경우 적분의 근삿값을 계산하시오.

1-5 다음 다항식을 괄호형식 형태로 나타내고, 주어진 x에서의 값 $P(x)$를 계산하시오.

(1) $P(x)=3-2x+5x^2-7x^3+3x^4-9x^5$, $x=2$

(2) $P(x)=1+x-14x^2+27x^3-5x^4$, $x=-1$

(3) $P(x)=1+3e^x+5e^{2x}+7e^{3x}$, $x=2$

(4) $P(x)=1-3x^3+5x^6+7x^9$, $x=3$

(5) $P(x)=1+\frac{x^2}{2!}+\frac{x^4}{4!}+\frac{x^6}{6!}+\frac{x^8}{8!}$, $x=2$

1-6 문제 1-5의 다항식을 계산하는 프로그램을 작성한 다음 다항식의 값 $P(x)$를 구하시오.

1-7 다음 다항식을 계산할 때 필요한 곱셈의 연산횟수와 괄호형식으로 계산할 때 필요한 곱셈의 연산횟수를 구하시오.

(1) $P(x)=1-2x+5x^2-4x^3+7x^4-6x^5$

(2) $P(x)=7+2x-3x^2+5x^3-6x^4$

1-8 예제 1.2.1에서 $P(3)$을 계산하시오. 또한 괄호형식 알고리즘을 사용한 프로그램을 작성하시오.

제2장

부동소수점수와 오차

이 장에서 다루는 주요 내용은 다음과 같다.

- ○ 수 표현
- ○ 오차와 오차분석

2.1 수 표현

우리는 일상에서 수를 나타내기 위하여 10진법 체계를 사용하고, 컴퓨터에서는 2진법 체계 또는 그 변형을 사용하여 수를 나타낸다. 여기서는 컴퓨터에서 수의 연산에서 주로 사용하는 부동소수점수 및 10진수, 2진수 등의 수와 표현방법 그리고 수 사이의 변환방법을 다루고자 한다.

부동소수점수

컴퓨터에서 수행한 계산 결과가 항상 정확하다고는 할 수 없다. 이는 수 x를 효율적으로 처리하기 위하여 컴퓨터에 미리 기억장소의 크기를 정하기 때문이다. 컴퓨터에서는 수를 표시하기 위하여 통상적으로 32, 36, 60비트를 사용한다. 만약 32비트를 사용해서 수를 표시한다면 나타낼 수 있는 수의 개수는 2^{32}가지이다. 이같이 미리 정해진 비트에 수를 나타내는 컴퓨터에서는 유한개의 수만을 표현할 수밖에 없으므로 수를 근사시키기 위한 다양한 방법이 제안된다. 컴퓨터에서의 수 표현에는 정수를 표현하기 위한 고정소수점수와 실수를 표현하기 위한 부동소수점수가 있다.

컴퓨터에서는 실수 x를 표현하기 위하여 2진수 근삿값으로 변환한 다음, 부동소수점수(floating point number)형식을 사용하여 저장한다.

$$x \approx \sigma \cdot m \cdot 2^{e} \tag{2.1.1}$$

여기서 σ (+1 또는 −1)는 부호, m은 가수(또는 소수 : fractional part 또는 mantissa), e는 지수(exponent)라고도 부른다. 그리고 2는 기저(또는 밑수: base 또는 radix)라고 한다.

그리고 소수부의 크기가 1/2과 1사이 있는 즉, $1/2 \le |m| < 1$인 경우 부동소수점수가 정규화(normalization)되었다고 한다. 대부분의 컴퓨터에서는 부동소수점수와 부동소수점연산의 결과를 자동적으로 정규화한 형태로 저장된다. 소수부의 최상위 비트에 0이 아닌 유효숫자가 오도록 지수부를 변화시키면 즉, 정규화하면 0이 아닌 수를 최대한 많이 표현할 수가 있다. 0은 특별한 수로 정규화시킬 수가 없다.

단일정밀도(single precision)로 32비트를 사용하여 실수를 표현하는 컴퓨터에서는 지수부에 8비트를, 가수부에 23비트를 사용한다고 하자. 그러면 표현할 수 있는 실수의 범위는

$$2.938736 \times 10^{-39} \sim 1.701412 \times 10^{38} \text{ (즉, } 2^{-128} \sim 2^{127}\text{)}$$

이며, 10진수 6자리의 정밀도를 갖는다(가령, $2^{-23} = 1.2 \times 10^{-7}$).

2배정밀도(double precision)로 64비트를 사용하여 실수를 표현하는 컴퓨터에서 지수부로 11비트를, 가수부로 52비트를 사용한다고 하자. 그러면 표현 가능한 실수의 범위로

$$5.562684646268003 \times 10^{-309} \sim 8.988465674311580 \times 10^{307} \text{ (즉, } 2^{-1024} \sim 2^{1023}\text{)}$$

이며, 10진수 16자리의 정밀도를 갖는다(가령 $2^{-52} = 2.2 \times 10^{-16}$).

10진수와 2진수

우리는 통상적으로 10진법의 수를 사용한다. 10진법에서는 숫자 0, 1, 2,

3, 4, 5, 6, 7, 8, 9를 사용하여 수로 나타내고 있다.

예를 들어, 237.59와 25.375는 각각 다음을 의미한다.

$$237.59 = 2\times 10^{2} + 3\times 10^{1} + 7\times 10^{0} + 5\times 10^{-1} + 9\times 10^{-2}$$

$$25.375 = 2\times 10^{1} + 5\times 10^{0} + 3\times 10^{-1} + 7\times 10^{-2} + 5\times 10^{-3}$$

2진법 체계에서는 숫자 0과 1을 기초로 해서 이 두 개의 숫자 만의 조합으로 수를 표현한다. 예를 들어, 2진법 체계에서 수 11001.011을 10진법과 유사하게 표현하면 다음과 같다.

$$11001.011 = 1\times 2^{4} + 1\times 2^{3} + 0\times 2^{2} + 0\times 2^{1} + 1\times 2^{0} + 0\times 2^{-1} + 1\times 2^{-2} + 1\times 2^{-3}$$

위 값을 계산하면 10진수 25.375가 될 것이다. 이를 아래와 같이 표기하기로 하자.

$$(11001.011)_2 = (25.375)_{10}$$

괄호의 아래첨자 2와 10은 각각 2진법 체계와 10진법 체계의 기저이다.

기저가 β인 수는 다음과 같이 표현할 수 있다.

$$(a_n a_{n-1} \cdots a_2 a_1 a_0 . b_1 b_2 \cdots)_\beta = \sum_{k=0}^{n} a_k \beta^k + \sum_{k=1}^{\infty} b_k \beta^{-k} \qquad (2.1.2)$$

여기서 a_k와 b_k는 β진법에서 사용하는 숫자이다.

이 외에도 8진법 체계와 16진법 체계가 있다. 8진법 체계에서는 숫자 0, 1, 2, 3, 4, 5, 6, 7을 사용하여 기저는 8이다.

예를 들어, 8진법 체계에서 8진수 $(31.3)_8$은 다음과 같다.

$$(31.3)_8 = 3\times 8^{1} + 1\times 8^{0} + 3\times 8^{-1} = (25.375)_{10}$$

16진법 체계에서는 숫자 0, 1, 2, 3, 4, 5, 6, 7, 8, 9와 영문자 A, B, C, D, E, F를 사용하며 기저는 16이다. 이 때 영문자 A, B, C, D, E, F는 각각 10, 11, 12, 13, 14, 15를 나타낸다.

예를 들어, 16진법 체계에서 16진수 $(19.6)_{16}$은 다음과 같다.

$$(19.6)_{16} = 1\times 16^{1} + 9\times 16^{0} + 6\times 16^{-1} = (25.375)_{10}$$

수의 변환

2진수, 8진수, 16진수를 10진수로 변환하는 과정은 앞에서 설명한 방식을 따르면 된다. 그러나 10진수를 2진수, 8진수 또는 16진수로 변환하기 위해서는 수로 정수부분과 소수부분으로 나누어 변환한다. 먼저 10진 정수를 2진수 정수로 변환하는 과정을 살펴보자. 10진 정수 x는 다음과 같이 2진수로 나타낼 수 있다. $\beta = 2$인 경우

$$\begin{aligned}(x)_{10} &= a_n\beta^n + a_{n-1}\beta^{n-1} + \cdots + a_1\beta^1 + a_0\beta^0 \\ &= (a_n a_{n-1} \cdots a_1 a_0)_\beta,\ \beta = 2\end{aligned} \tag{2.1.3}$$

여기서 $a_k\ (k = 0,1,2,\cdots,n)$는 0 또는 1이다.

계수 a_k를 구하는 절차는 다음과 같다($\beta = 2$) :

(1) x를 2로 나누어 몫을 x_0, 나머지를 a_0로 둔다.

(2) x_0을 2로 나누어 몫을 x_1, 나머지를 a_1으로 둔다.

(3) 이 과정을 몫이 0이 될 때까지 계속하며, 계수 a_k를 구한다.

예제 2.1.1

다음 10진 정수 $(25)_{10}$를 2진수로 변환해보자. x =25이고, 변환과정은 다음과 같다.

		나머지	
2⌊25	x		
2⌊12	x_0	1	$\cdots a_0$
2⌊ 6	x_1	0	$\cdots a_1$
2⌊ 3	x_2	0	$\cdots a_2$
2⌊ 1	x_3	1	$\cdots a_3$
0	x_4	1	$\cdots a_4$

따라서 $(25)_{10} = (a_4a_3a_2a_1a_0)_2 = (11001)_2$ 가 된다. 이 과정을 표로 나타내면 다음과 같다.

k	$x_k / 2$	몫(x_k)	나머지(a_k)	
0	$x/2 = 25/2$	12	1	a_0
1	$x_0/2 = 12/2$	6	0	a_1
2	$x_1/2 = 6/2$	3	0	a_2
3	$x_2/2 = 3/2$	1	1	a_3
4	$x_3/2 = 1/2$	0	1	a_4

예제 2.1.2

다음 10진 정수 $(25)_{10}$ 을 8진수로 변환해보자. x =25이고, 변환과정은 다음과 같다.

		나머지	
8⌊25			
8⌊3	x_1	1	$\cdots a_0$
0	x_2	3	$\cdots a_1$

따라서 $(25)_{10} = (a_1 a_0)_8 = (31)_8$ 가 된다. 이 과정을 표로 나타내면 다음과 같다.

k	$x_k / 8$	몫(x_k)	나머지(a_k)	
0	$x/8 = 25/8$	3	1	a_0
1	$x_0/8 = 3/8$	0	3	a_1

그리고 10진 소수 $y(0 < y < 1)$ 는 다음과 같이 2진수로 나타낼 수 있다. $\beta = 2$ 인 경우

$$(y)_{10} = b_1\beta^{-1} + b_2\beta^{-2} + \cdots = \sum_{k=0}^{\infty} b_k\beta^{-k}$$
$$=(.b_1 b_2 \cdots)_\beta \tag{2.1.4}$$

여기서 b_k $(k = 1, 2, \cdots)$ 는 0 또는 1이다.

계수 b_k 를 구하는 절차는 다음과 같다($\beta = 2$):

(1) y에 2를 곱한 값의 정수부분을 b_1, 소수부분을 y_1으로 둔다.
(2) y_1에 2를 곱하여 구한 값의 정수부분을 b_2, 소수부분을 y_2로 둔다.
(3) 이 과정을 소수부분이 0.0이 될 때까지 계속하며, 계수 b_k를 구한다.

예제 2.1.3

다음 10진 소수 $(0.375)_{10}$를 2진수로 변환해보자. $y = 0.375$이므로

$$2y = 0.75 \quad b_1 = 0 \quad y_1 = 0.75$$
$$2y_1 = 1.5 \quad b_2 = 1 \quad y_2 = 0.5$$
$$2y_2 = 1.0 \quad b_3 = 1 \quad y_3 = 0.0$$

따라서 $(0.375)_{10} = (.b_1b_2b_3)_2 = (.011)_2$가 된다. 이 과정을 표로 나타내면 다음과 같다.

k	$2\times y_k$	소수부분(y_k)	정수부분(b_k)	
1	$2y = 2\times 0.375$	0.75	0	b_1
2	$2y_1 = 2\times 0.75$	0.5	1	b_2
3	$2y_2 = 2\times 0.5$	0.0	1	b_3

예제 2.1.4

다음 10진 소수 $(0.375)_{10}$을 8진수로 변환해보자. $y = 0.375$이므로 변환과정은 아래와 같다. $8y = 3.0$이므로

$$b_1 = 3 \quad y_1 = 0.0$$

따라서 $(0.375)_{10} = (.b_1)_8 = (.3)_8$이 된다. 이 과정을 나타낸 표는 다음과 같다.

k	$8\times y_k$	소수부분(y_k)	정수부분(b_k)	
1	$8y = 8\times 0.375$	0.0	3	b_1

예제 2.1.5

다음은 무한히 반복되는 2진수이다. 이를 10진수로 변환해보자.

$$y = (0.010101\cdots)_2$$

y는 다음과 같이 표현할 수 있다.

$$y = 2^{-2} + 2^{-4} + 2^{-6} + 2^{-8} + \cdots = \frac{1}{2^2}\left(1 + \frac{1}{2^2} + \frac{1}{2^4} + \frac{1}{2^6} + \cdots\right)$$

괄호 안의 수는 무한등비급수이므로 y는 다음과 같게 된다.

$$y = \frac{1}{4}\left(\frac{1}{1 - 1/2^2}\right) = \frac{1}{4} \cdot \frac{4}{3} = \frac{1}{3}$$

이를 10진수로 나타내면 다음과 같다.

$$(0.010101\cdots)_2 = (0.333\cdots)_{10}$$

2진법, 8진법, 16진법 간의 변환

2진법과 8진법, 16진법 사이에는 상호 밀접한 관련이 있다. 한 개의 8진수 숫자는 3개의 2진수 숫자와, 한 개의 16진수 숫자는 4개의 2진수 숫자와 대응한다. 이 관계를 나타낸 것이 표 2.1.1이다. 이 표를 이용하여 진법 간의 변환을 살펴보자.

예제 2.1.6

다음 8진수 $(515.413)_8$을 2진수로 변환해보자.

$$(5)_8 = (101)_2$$
$$(1)_8 = (001)_2$$
$$(4)_8 = (100)_2$$
$$(3)_8 = (011)_2$$

이므로

$$(515.413)_8 = (101001101.100001011)_2$$

가 된다.

예제 2.1.7

다음 16진수 $(2A.F3)_{16}$을 2진수로 변환해보자.

표 2.1.1 진법변환 보조표

10진수	16진수	8진수	2진수
0	0	00	0000
1	1	01	0001
2	2	02	0010
3	3	03	0011
4	4	04	0100
5	5	05	0101
6	6	06	0110
7	7	07	0111
8	8	10	1000
9	9	11	1001
10	A	12	1010
11	B	13	1011
12	C	14	1100
13	D	15	1101
14	E	16	1110
15	F	17	1111

$$(2)_{16} = (0010)_2$$
$$(A)_{16} = (1010)_2$$
$$(F)_{16} = (1111)_2$$
$$(3)_{16} = (0011)_2$$

이므로

$$(2A.F3)_{16} = (00101010.11110011)_2 = (101010.11110011)_2$$

가 된다.

예제 2.1.8

다음 2진수 $(110011.10001)_2$ 를 8진수로 변환해보자. 2진수 3자리가 8진수

1자리에 대응하므로 표 2.1.1을 활용하여 구하면 다음과 같다.

$$(110011.10001)_2 = (110011.100010)_2 = (63.42)_8$$

예제 2.1.9

다음 2진수 $(110011.10001)_2$를 16진수로 변환해보자. 2진수 4자리가 8진수 1자리에 대응하므로 표 2.1.1을 활용하여 구하면 다음과 같다.

$$(110011.10001)_2 = (00110011.10001000)_2 = (33.88)_{16}$$

2.2 오차와 오차분석

수치해석을 활용하여 수리 문제를 해결할 때 컴퓨터로 계산한 결과가 정확하지 않다는 것에 주의해야 한다. 문제에 어떻게 접근하는 가에 따라 계산결과가 달라지므로 정밀도를 낮출 수 있는 접근법을 생각하게 된다. 이러한 난제를 이해하면 좀 더 정밀한 계산결과를 얻는데 도움이 될 것이다.

정의 2.2.1 (오차)

x_A를 참값 x_T의 근삿값이라고 하자. 그러면

$$E(x_A) = |x_T - x_A| \tag{2.2.1}$$

를 근삿값 x_A의 절대오차(absolute error)라고 부른다. 그리고 참값과 근삿값의 차이를 오차라고도 부른다. 그리고

$$R(x_A) = \frac{|x_T - x_A|}{|x_T|}, \quad x_T \neq 0 \tag{2.2.2}$$

를 상대오차(relative error)라고 부른다.

예제 2.2.1

다음의 각각의 경우에서 오차와 상대오차를 구해보자.

(1) $x_T = 3.12159$, $x_A = 3.14$라고 하면, 절대오차와 상대오차는 각각 다음과 같다.

$$E(x_A) = |x_T - x_A| = |3.14159 - 3.14| = 0.00159$$
$$R(x_A) = \frac{|x_T - x_A|}{|x_t|} = \frac{0.00159}{3.14159} = 0.000506$$

(2) $x_T = 100000$, $x_A = 99993$ 이면 절대오차와 상대오차는 각각 다음과 같다.

$$E(x_A) = |x_T - x_A| = |100000 - 99993| = 7$$
$$R(x_A) = \frac{|x_T - x_A|}{|x_t|} = \frac{7}{100000} = 0.00007$$

(3) $x_T = 0.00015$, $x_A = 0.000105$ 인 경우 절대오차와 상대오차는 각각 다음과 같다.

$$E(x_A) = |x_T - x_A| = |0.00015 - 0.000105| = 0.000045$$
$$R(x_A) = \frac{|x_T - x_A|}{|x_T|} = \frac{0.000045}{0.00015} = 0.3$$

(1)의 경우 절대오차 $E(x_A)$ 와 상대오차 $R(x_A)$ 사이에 아주 큰 차이가 없고, 근삿값 x_A 의 정확도를 판단하는데 사용할 수 있다. (2)의 경우 x_T 의 크기는 100000이고, 절대오차 $E(x_A)$ 는 크지만 상대오차 $R(x_A)$ 는 작다. 이 경우 근삿값 x_A 은 비교적 좋은 근삿값이 된다. (3)의 경우 x_T 의 크기는 10^{-5} 이고, 절대오차 $E(x_A)$ 는 작지만 상대오차 $R(x_A)$ 는 크다. 이 세가지 경우를 비교하면, (3)의 경우 절대오차는 가장 작지만 상대오차는 가장 크고, 그 비는 30%가 된다. 따라서 (3)에서의 근삿값은 좋은 근삿값이라고 할 수 없다.

근삿값과 참값을 앞자리부터 비교할 때 0이 아닌 첫 번째 자릿수부터 연속적으로 같은 자릿수까지의 개수를 근삿값의 유효숫자(significant digits)의 개수라고 부른다.

예제 2.2.2

다음 근삿값의 유효숫자의 개수를 알아보자.

(1) $x_T = 3.14159$, $x_A = 3.1425$ 인 경우 x_A 는 유효숫자 3개를 갖는다.

(2) $x_T = 0.003537$, $x_A = 0.003523$ 인 경우 x_A 는 유효숫자 2개를 갖는다.

(3) $x_T = 12.345$, $x_A = 12.354$ 인 경우 x_A 는 유효숫자 3개를 갖는다.

그리고 근삿값과 절대오차 사이에는 다음의 성질이 있다.

정리 2.2.1

참값을 x_T, 참값 x_T의 근삿값을 x_A라고 하자. d가 다음 식을 만족하는 가장 큰 비음의 정수이면, x_A는 n개의 유효숫자를 갖는다.

$$\frac{|x_T - x_A|}{|x_T|} \le 5 \times 10^{-d-1} \qquad (2.2.3)$$

마무리 오차

수 또는 수들의 연산 결과를 컴퓨터의 내부에 표현할 때 허용되는 기억장소는 유한하다. 보통 참값은 부동소수점수 형태로는 정확하게 기억되지 않고 적당하게 정리하여 기억된다. 이러한 경우 발생되는 오차를 마무리오차(round-off error)라고 부른다.

예를 들어, 기저가 10이고, 가수부와 지수부의 자리수가 각각 6과 2라고 가정하자. 다음 두 수의 합을 구하면

$$0.123456 \times 10^2 + 0.654321 \times 10^{-4} = 0.123456654321 \times 10^2$$

이고, 계산결과를 정확하게 표현하려면 가수부의 자리수가 6이상이 되어야만 한다. 가수부 $m = 6$으로 주어졌기 때문에 6자리로 적당하게 정리된 값을 얻을 수 밖에 없다. 이같이 연산결과를 부동소수점수로 표현하는 경우 사용하는 방법으로 반올림(rounding)과 버림(chopping)이 있다.

예를 들어, 위의 연산결과를 $m = 6$인 부동소수점수로 표현하는 경우 반올림을 적용하면 0.123457×10^2이 되고, 버림을 적용하면 0.123456×10^2이 된다. 버림을 적용하면 가능한 최대오차가 반올림의 경우에서보다 2배가 되고, 값의 부호와 오차의 부호가 같다. 반올림을 적용하면 발생 가능한 최대오차가 버림의 경우보다 $1/2$이 되고, 오차의 부호는 음과 양이 반반이 된다. 반올림을 적용하면 오차의 부호가 양분되어 오차가 상쇄되는 효과를 갖는다.

컴퓨터에서 부동소수점수를 표현할 때 버림을 적용한다면 가수부 m의 나

머지 부분을 잘라버린다. 반올림을 적용하는 경우 $(m+1)$ 번째 자리가 0이면 m 자리가 되도록 버리고, 1이면 m 자리에 1을 더한다. 일반적으로 실수 x의 부동소수점수는 $f\ell(x)$로 표현한다. 그리고 $f\ell(x)$은 $f\ell(x)=x(1+\varepsilon)$로 나타낼 수 있고, ε의 범위는 가수부의 길이에 종속된다.

오버플로우와 언더플로우

실수 x를 부동소수점수 형식으로 나타낼 때 표현 가능한 수의 하한과 상한이 존재한다. 예를 들어, 32비트(가수부 23비트, 지수부 8비트)로 부동소수점수를 나타내는 경우 표현 가능한 범위는 다음과 같다고 하자.

$$-3.4\times 10^{38} \sim -1.5\times 10^{-45}, \quad +1.5\times 10^{-45} \sim +3.4\times 10^{38}$$

만약 x의 값이(-1.5×10^{-45} , 1.5×10^{-45})내에 있으면 언더플로우(underflow) 오차가 발생한다. 이러한 오차가 발생하면 대부분의 컴퓨터에서는 0으로 자동 선택된다. 만약 부동소수점수 형식으로 표현할 수 없는 아주 큰 값을 사용하는 경우 오버플로우(overflow) 오차가 발생한다. 일반적으로 이 오차는 치명적이고, $\pm\infty$ 또는 NaN(Not a Number)으로 처리된다.

유효숫자의 상실

부동소수점수의 연산과정에서 유효숫자가 사라져서 오차가 발생하는 경우를 살펴보고, 이를 회피하는 방안을 강구해보자.

예제 2.2.3

유효숫자 5자리인 10진수 연산으로 함수의 값 $f(300)$, $g(300)$을 계산해보자.

$$f(x)=x(\sqrt{x}-\sqrt{x-1}), \quad g(x)=\frac{x}{\sqrt{x}+\sqrt{x-1}}$$

먼저 함수 $f(x)$에 대하여 $f(300)$을 계산하자.

$$\sqrt{x} = \sqrt{300} = 17.321\,,\quad \sqrt{x-1} = \sqrt{299} = 17.292$$

이므로

$$\sqrt{x} - \sqrt{x-1} = 17.321 - 17.292 = 0.029000$$

이 된다. 따라서

$$f(300) = 300(0.029000) = 8.7000$$

다음으로 함수 $g(x)$에 대하여 $g(300)$을 계산하자.

$$\sqrt{x} + \sqrt{x-1} = 17.321 + 17.292 = 34.613$$

이므로

$$g(300) = \frac{300}{34.613} = 8.6673$$

이 된다.

그런데 $f(x)$와 $g(x)$는 수학적으로 동치이다.

$$f(x) = x(\sqrt{x} - \sqrt{x-1})\frac{\sqrt{x}+\sqrt{x-1}}{\sqrt{x}+\sqrt{x-1}} = \frac{x}{\sqrt{x}+\sqrt{x-1}} = g(x)$$

함수의 참값은 $8.667482969\cdots$ 이므로 $f(x)$ 와 $g(x)$ 의 절대오차는 각각 0.032517과 0.000182969이다. $f(x)$의 계산에서 큰 오차가 발생한 것은 연산 $\sqrt{x} - \sqrt{x-1}$에서 유효숫자 세 자리가 사라져버렸기 때문이다. 즉, 비슷한 두 수의 뺄셈에서 유효숫자의 상실이 발생하였다. 이 상황을 회피하는 한 방법으로 $g(x)$가 고려되었다.

다음으로 2차 방정식의 근을 구하는 경우를 살펴보자.

예제 2.2.4

다음 2차 방정식의 근을 구하는 경우를 살펴보자.

$$ax^2 + bx + c = 0\,,\quad a \neq 0$$

이 방정식의 근은 다음과 같다. $d = b^2 - 4ac > 0$인 경우

$$x_1 = \frac{-b+\sqrt{d}}{2a}\,,\quad x_2 = \frac{-b-\sqrt{d}}{2a} \tag{2.2.4}$$

이다.

만약 $a=5$, $b=1212.3$, $c=25$ 인 경우 근은 -242.439376, -0.0206237125 이다. 유효숫자 5자리인 10진수 연산으로 계산한다면, 그 계산과정은 다음과 같다.

$$\begin{aligned} d &= b^2-4ac=(1212.3)^2-4(5)(25) \\ &=14697\times10^2-500 \\ &=14692\times10^2 \end{aligned}$$

$$\sqrt{d}=1212.1$$

$$-b+\sqrt{d}=-0.20000$$

$$-b-\sqrt{d}=-2424.4$$

이므로

$$x_1=\frac{-0.20000}{2(5)}=-0.020000\,,\quad x_2=\frac{-2424.4}{2(5)}=-242.44$$

이 된다.

다른 방법을 사용하여 근을 구해보자. 먼저 x_1 을 다음 식으로 계산한다.

$$x_1=\frac{-b-sign(b)\sqrt{d}}{2a} \tag{2.2.5}$$

$b=1212.3$ 의 부호는 양이므로 $sign(b)=+1$ 이다. 그러면

$$x_1=\frac{-b-sign(b)\sqrt{d}}{2a}=\frac{-1212.3-1212.1}{2(5)}=-242.44$$

가 된다. 그리고 $ax^2+bx+c=a(x-x_1)(x-x_2)$ 로부터 $c=ax_1x_2$ 가 되는 것을 알 수 있다. 그러면 나머지 한 근은

$$x_2=\frac{c}{ax_1} \tag{2.2.6}$$

이 되고, 이를 계산하면 다음과 같다.

$$x_2=\frac{25}{5(-242.44)}=\frac{25}{-1212.2}=-0.020624$$

근 -0.0206237125 에 대한, 식 (2.2.5)로부터 구한 값 -0.020624 의 절대오차는 0.000013940 인데 식 (2.2.4)로부터 구한 값 -0.02 의 절대오차는 0.0302124 이다. 이것은 b 와 $\sqrt{d}$ 가 비슷하여 연산 $-b+\sqrt{d}$ 에서 유효숫자의 상실이 일어났기 때문이다.

2차 방정식의 근을 구하는 식을 알고리즘으로 나타내면 다음과 같다.

알고리즘 2.2.1 2차 방정식의 근

% input : a,b,c

% output : x_1, x_2 = roots (2.2.5) and (2.2.6)

1. $sd = \sqrt{b^2 - 4ac}$
2. $x_1 = (-b - sign(b) \cdot sd) / (2a)$
3. $x_2 = c / (a \cdot x_1)$

연습문제

2-1 다음 수를 10진수로 변환하시오.

(1) $(10101)_2 = (\qquad\qquad)_{10}$

(2) $(11101101)_2 = (\qquad\qquad)_{10}$

(3) $(10111.011)_2 = (\qquad\qquad)_{10}$

(4) $(0.101010\cdots)_2 = (\qquad\qquad)_{10}$

(5) $(33)_8 = (\qquad\qquad)_{10}$

(6) $(67.25)_8 = (\qquad\qquad)_{10}$

(7) $(1235.77)_8 = (\qquad\qquad)_{10}$

(8) $(2B)_{16} = (\qquad\qquad)_{10}$

(9) $(C5.17)_{16} = (\qquad\qquad)_{10}$

(10) $(.DDD)_{16} = (\qquad\qquad)_{10}$

2-2 다음 10진수를 2진수로 변환하시오

(1) $(819)_{10} = (\qquad\qquad\qquad)_2$

(2) $(3041)_{10} = (\qquad\qquad\qquad)_2$

(3) $(0.90625)_{10} = (\qquad\qquad\qquad)_2$

(4) $(65.6875)_{10} = (\qquad\qquad\qquad)_2$

(5) $(0.1)_{10} = (\qquad\qquad\qquad)_2$

2-3 다음 수를 10진수를 8진수로 변환하시오.

(1) $(25)_{10} = (\qquad\qquad)_8$

(2) $(77)_{10} = (\qquad\qquad)_8$

(3) $(0.375)_{10} = (\qquad\qquad)_8$

(4) $(37.1875)_{10} = (\qquad\qquad)_8$

(5) $(973.875)_{10} = (\qquad\qquad)_8$

2-4 다음 수를 8진수를 2진수로 변환하시오.

(1) $(173.45)_8$

(2) $(56.02)_8$

2-5 다음 수를 16진수를 2진수로 변환하시오.

(1) $(C8.53)_{16}$

(2) $(AB.C5D)_{16}$

2-6 다음 수를 2진수를 16진수로 변환하시오.

(1) $(1011010011.01011)_2$

(2) $(1.10101110011)_2$

2-7 다음 수를 2진수를 8진수로 변환하시오.

(1) $(1011010011.0101)_2$

(2) $(0.0101111001)_2$

2-8 다음 근삿값에 대하여 절대오차, 상대오차, 유효숫자의 개수를 구하시오.

(1) $x_T = 57.812094,\quad x_A = 57.821094$

(2) $x_T = 0.006985723,\quad x_A = 0.00698523$

(3) $x_T = \sqrt{2},\quad x_A = 1.4143$

2-9 함수 $f(x)$의 계산에서 발생하는 유효숫자의 상실 오차는 함수를 적절하게 변형하면 회피할 수도 있다. 다음 함수는 0 근방에서 수치적으로 불안정하다. 유효숫자 5자리인 10진수연산을 사용하여 $x = 10^{-3}$ 에서의 함수값을 계산하시오. 그리고 유효숫자의 상실을 회피하는 함수를 찾으시오.

(1) $f(x) = \sqrt{36 + x} - 6$

(2) $f(x) = \dfrac{\sqrt{x+4} - 2}{x}$

(3) $f(x)=\dfrac{1-e^{-x}}{x}$

2-10 다음 함수는 x가 아주 큰 경우 수치적으로 불안정하여 유효숫자의 상실이 발생할 수 있다. 유효숫자 5자리인 10진수연산을 사용하여 $x=10^3$ 에서의 함수 값을 계산하시오. 그리고 유효숫자의 상실을 회피하는 함수를 찾으시오.

(1) $f(x)=x-\sqrt{x^2-1}$

(2) $f(x)=\sqrt{x^2+1}-x$

(3) $f(x)=\ln(x+1)-\ln(x)$

2-11 다음 2차 방정식 $ax^2+bx+c=0,(a\neq 0)$ 의 근을 효율적으로 구하는 방법으로 계산하시오. 유효숫자 5자리인 10진수연산을 사용한다고 가정한다.

(1) $(a,b,c)=(1,521.25,2)$

(2) $(a,b,c)=(2,-4000,1)$

(3) $(a,b,c)=(1,1212.2,2)$

제3장

비선형방정식의 해

이 장에서 다루는 주요 내용은 다음과 같다.

- ○ 반복법과 종료규칙
- ○ 이분법
- ○ Newton 방법
- ○ 할선법

3.1 반복법과 종료규칙

이 장에서는 비선형방정식 $f(x)=0$ 의 근을 구하는 방법을 살펴보고자 한다. 방정식의 근을 구하는 방법은 적어도 반복처리과정과 수렴검사로 구성된다. 적당하게 주어진 초기값으로부터 시작하여 근삿값을 반복적으로 구하면서 반복처리과정을 중단시킬 시점을 검사한다.

종료규칙

비선형방정식의 근을 구하기 위하여 사용하는 반복적인 절차인 반복법은 세 가지 요소로 구성된다 :

(1) 초기값을 정하는 방법

(2) 그 다음 단계의 근삿값을 구하는 방법

(3) 반복처리를 중단시키는 시점을 정하는 방법

여기서는 수렴판단기준인 종료규칙과 초기값을 설정하는 방법을 간단히 설명하며, 다음 절에서 그 다음 단계의 근삿값을 구하는 방법을 소개한다.

반복법으로 근를 구하는 경우 반복과정을 종료하는 시점을 정하는 문제는 수학적으로 해결할 수 없는 것으로 완전하게 다룰 수가 없다. 그러나 반복을 중단시킬 수 있는 이유로 다음 세 가지 경우를 고려할 수 있다.

첫째, 문제가 해결되었거나 거의 해결된 경우이다. 즉, $f(x)=0$ 인 근 α 를 구하는 것이 목적이므로 n번째 반복에서의 근삿값 x_n에 대하여 $f(x_n)=0$ 이거나 $|f(x_n)|$가 아주 작으면 된다. 이 경우 사용할 수 있는 검사법인 종료규칙으로 다음을 생각할 수 있다.

$$f(x_n)=0 \tag{3.1.1}$$

$$|f(x_n)| \le FTOL \tag{3.1.2}$$

여기서 $FTOL$은 오차의 허용한계(tolerance) 또는 허용오차이다. 무한급수의 합 또는 수치적분을 다루는 문제에서는 구한 값이 명백하고도 검사 가능한 조건을 만족시킬 수 없기 때문에 이 규칙을 사용할 수가 없다.

둘째, 반복법으로 구한 근삿값이 수렴되었거나 거의 수렴된 경우이다. n번째 반복에서 근삿값 x_n의 변화가 없거나 거의 없으면 반복과정을 계속할 필요가 없다. 이 경우 사용할 수 있는 종료규칙은 다음과 같다.

$$x_n = x_{n-1} \tag{3.1.3}$$

$$|x_n - x_{n-1}| \le XTOL \tag{3.1.4}$$

$$\frac{|x_n - x_{n-1}|}{|x_{n-1}|} \le XTOL \tag{3.1.5}$$

여기서 $XTOL$은 오차의 허용한계이고, 식 (3.1.4)와 식 (3.1.5)를 각각 절대수렴판단기준(absolute convergence criterion), 상대수렴판단기준(relative convergence criterion)이라고 부른다. 근이 0 근방일 때는 절대수렴판단기준이 매우 적절하고, 근이 큰 경우에는 일반적으로 상대수렴판단기준을 사용하는 것이 보다 만족스럽다.

셋째, 반복처리횟수가 너무 많거나 결과의 타당성이 없는 경우이다. 이러한 경우 사용할 수 있는 종료규칙은 다음과 같다.

$$n \ge ITMAX \tag{3.1.6}$$

$$|x_n| \ge XHUGE \tag{3.1.7}$$

$$|f(x_n)| \ge FHUGE \tag{3.1.8}$$

그러나 $ITMAX, XHUGE, FHUGE$ 의 값을 선택하는 것이 항상 쉬운 것은 아니다. 전술한 종료규칙을 사용하여 근삿값의 수렴 여부를 판단하는 것이 항상 만족스럽지 않는 경우도 있다.

초기값

모든 반복법에서는 $f(x)=0$ 의 근을 구하기 위하여 초기값으로 어떤 정보를 활용한다. 이분법 등과 같은 방법에서는 근에 대한 정보가 그다지 정확하지 않아도 된다. 초기 가정이 만족되면 반드시 근으로 수렴되기 때문이다. 그러나 Newton 방법, 할선법 등과 같은 방법에서는 근에서 너무 떨어진 값을 초기값으로 주면 문제가 발생하기도 한다. 초기값을 부여하기 위한 규범적인 방법은 존재하지 않지만 방정식의 그래프를 참고하면 적절한 초기값을 정하는데 도움이 될 수도 있다.

예제 3.1.1

다음 방정식의 근을 구하기 위한 초기값을 그래프를 사용하여 구해보자.

$$f(x) = e^{-x} - x = 0$$

먼저 방정식을 두 개로 분리한 다음, 두 그래프의 교점을 활용하는 방법을 살펴보자. 위 방정식의 근은 아래 두 방정식의 공통 근과 같다.

$$f(x) = e^{-x}$$

$$f(x) = x$$

두 방정식의 그래프는 그림 3.1.1과 같다. 두 그래프의 교점은 0과 1사이에 있고 0.5근방이므로 근이 구간 $[0,1]$ 안에 존재한다는 사실을 추측할 수 있다. 따라서 근을 구하는 방법에 따라 초기값으로 0.5 또는 구간 $[0,1]$ 을 선택할 수 있다.

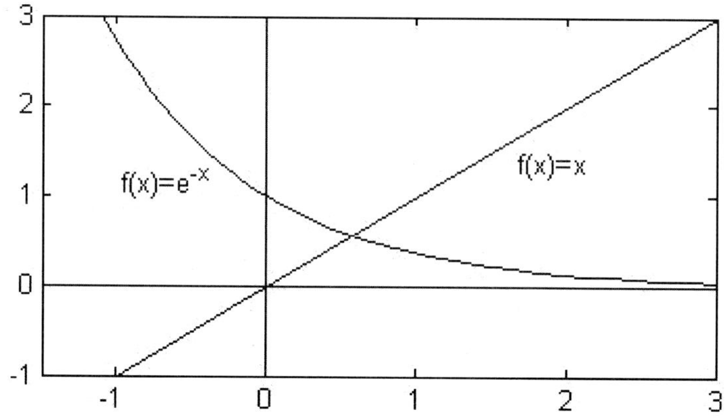

그림 3.1.1 그래프

다음으로 방정식을 두 개로 나누어 그 교점을 활용하는 것과 달리 주어진 방정식의 그래프를 사용하여 초기값을 찾을 수도 있다. 방정식의 그래프를 그리면 다음 그림 3.1.2와 같다.

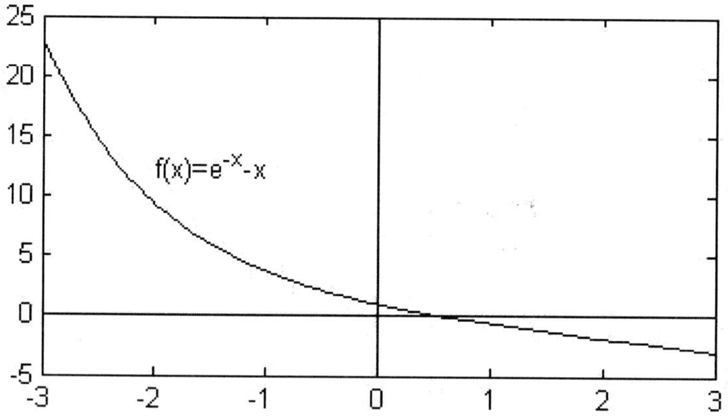

그림 3.1.2 그래프

방정식 $f(x)$ 의 근은 구간 $[0,1]$ 안에 있으며 대략 0.5근방이다는 사실을 알 수 있다. 따라서 초기값으로 0.5 또는 구간 $[0,1]$ 을 선택할 수 있다.

3.2 이분법

함수 $f(x)=0$ 의 근 α 를 구하는 방법 가운데 가장 간단한 방법은 이분법(bisection method)일 것이다. 이 방법은 연속함수 $f(x)$ 의 근이 존재하는 구간 $[a,b]$를 설정한 다음, 보다 정확한 근삿값을 구하기 위하여 구간을 반분해 나간다.

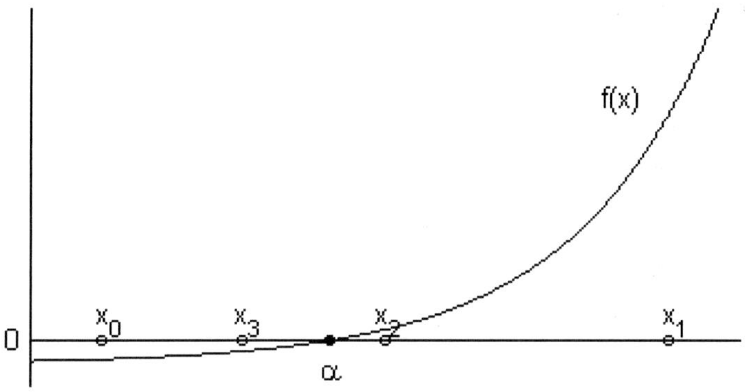

그림 3.2.1 이분법

이분법에서 근을 구하는 과정을 그림 3.2.1을 기준으로 살펴보면 다음과 같다.

n	a	b	c	
1	x_0	x_1	x_2	(a ← x_0, b ← x_1)
2	x_0	x_2	x_3	(a ← a, b ← c)
3	x_3	x_2	x_4	(a ← c, b ← b)
⋮			⋮	

먼저 근이 존재하는 구간 $[a,b]=[x_0,x_1]$ 을 반분한 중앙점 $c=x_2$ 를 구한다. 이 경우 근은 $[x_0,x_2]$사이에 존재하므로 이를 근이 존재하는 새로운 구간 $[a,b]$로 정한다. 다시 구간 $[a,b]$를 반분한 중앙점 $c=x_3$를 구하면 근이 존재하는 새로운 구간은 $[a,b]=[x_3,x_2]$ 가 된다. 이러한 과정을 반복하면 중앙점 $c=x_n$ (n −단계)은

$$c \equiv x_n = \frac{x_{n-1}+x_{n-2}}{2} \tag{3.2.1}$$

근 α 에 수렴하게 된다.

이분법을 사용하기 위해서는 근이 존재하는 구간 $[a,b]$ 가 주어져야 한다. 이는 함수 $f(a)$ 와 $f(b)$ 의 부호가 다른 a 와 b 를 찾으면 된다. 즉, $f(a)>0$, $f(b)<0$ 이 되거나 $f(a)<0$, $f(b)>0$ 이 성립하면 된다. 이것은 조건

$$f(a)\cdot f(b)<0 \tag{3.2.2}$$

이 만족하면, 구간 $[a,b]$ 내에 근이 존재한다는 것을 의미한다.

이분법의 알고리즘은 다음과 같다.

알고리즘 3.2.1 이분법

```
% input  :  f(x),a,b
% output :  c = x_k  = root (3.2.1)
1.  find  a < b  so that  f(a)·f(b) < 0
2.  for k=1,2,… satisfied, do:
3.        c = (a+b)/2
4.        if  f(a)·f(c) ≤ 0  then  b = c
5                            else  a = c
```

예제 3.2.1

다음 함수의 근을 이분법으로 구해보자.

$$f(x)=e^x-5=0 \tag{3.2.3}$$

초기값으로 $[a,b]=[0,4]$ 를 사용하고, 오차의 허용한계로 $\varepsilon=0.001$ 을 사용한다. $a=0$, $b=4$ 인 경우 $f(0)=-4$, $f(4)=49.5982$ 이므로 주어진 구간 내에 근이 존재함을 알 수 있다. 계산 결과는 표 3.2.1과 같다.

오차

a_n, b_n 을 n 번 반복에서의 끝점이라고 하고($a_1=a$, $b_1=b$), c_n 은 n 번째 근삿값이라고 하자. 이제 오차가 ε 보다 작아지기 위해서 필요한 반복회수 n 을 구해보자. a_n, b_n, c_n 사이에 다음 관계가 있다.

표 3.2.1 이분법 계산과정

n	a	b	c	$c-a$	$f(c)$
1	0.0000	4.0000	2.0000	2.0000	2.3891
2	0.0000	2.0000	1.0000	1.0000	-2.2817
3	1.0000	2.0000	1.5000	0.5000	-0.5183
4	1.5000	2.0000	1.7500	0.2500	0.7546
5	1.5000	1.7500	1.6250	0.1250	0.0784
6	1.5000	1.6250	1.5625	0.0625	-0.2293
7	1.5625	1.6250	1.5938	0.0313	-0.0778
8	1.5938	1.6250	1.6094	0.0156	-0.0003
9	1.6094	1.6250	1.6172	0.0078	0.0389
10	1.6094	1.6172	1.6133	0.0039	0.0193
11	1.6094	1.6133	1.6113	0.0020	0.0095
12	1.6094	1.6113	1.6104	0.0010	0.0046

$$b_n - a_n = \frac{b-a}{2^{n-1}}, \quad c_n = \frac{a_n + b_n}{2}$$

c_n에 대한 오차한계는 다음과 같다.

$$|c_n - \alpha| \le \frac{b_n - a_n}{2} = \frac{b-a}{2^n}$$

따라서 n이 증가하면 c_n은 근 α에 수렴한다. 그리고 오차가 ε보다 작으려면

$$|c_n - \alpha| \le \frac{b-a}{2^n} < \varepsilon$$

이 성립해야 한다. 이 식의 양변에 자연대수를 하면

$$-n\ln 2 < \ln\varepsilon - \ln(b-a)$$

이 되어, 오차가 ε보다 작아지기 위한 n은 다음과 같다.

$$n > \frac{\ln(b-a) - \ln\varepsilon}{\ln 2} \tag{3.2.4}$$

예제 3.2.2(계속)

앞에서 함수의 근을 이분법으로 구하기 위해 초기값으로 $[a,b]=[0,4]$ 를, 허용오차로 $\varepsilon=0.001$ 을 사용하였다. 식 (3.2.4)으로부터 이 조건을 만족하는 반복회수는

$$n > \frac{\ln(4-0)-\ln 0.001}{\ln 2} = 11.9658$$

이다. 따라서 $n=12$ 회 반복하면 허용오차를 만족하는 근삿값을 구할 수 있다.

이분법은 근에 수렴하고, 초기값 $[a,b]$ 에서 허용오차 ε 을 만족시키는 반복회수를 사전에 구할 수 있다. 그러나 수렴속도는 앞으로 설명할 다른 방법보다 늦다.

3.3 Newton 방법

비선형방정식 $f(x)=0$ 의 근 α 의 근삿값을 구하기 위하여 Newton 방법을 사용할 수도 있다. 이것도 반복법이며, 두 점을 지나는 직선의 기울기와 어떤 점에서의 접선의 기울기를 사용하여 근삿값을 구한다..

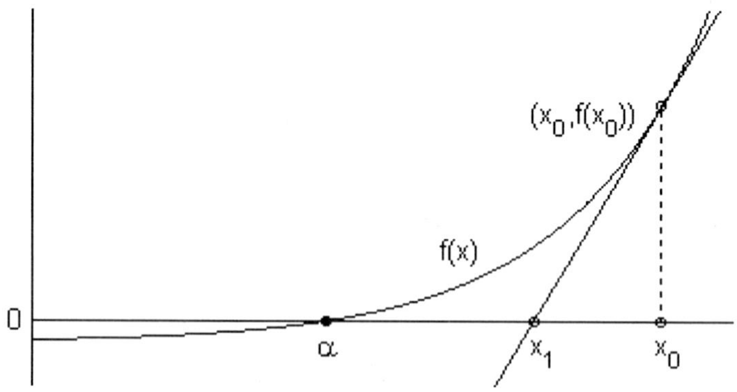

그림 3.3.1 Newton 방법

초기값 x_0를 사용하여 다음 단계의 값 x_1을 구하는 과정은 다음과 같다. 함수의 근을 구하기 위해 초기값 x_0가 주어지면 점 $(x_0, f(x_0))$에서의 접선과 x축이 만나는 점 $(x_1, 0)$를 생각할 수 있다. 점 $(x_0, f(x_0))$에서의 접선의 기울기 $f'(x_0)$는 0 또는 무한대는 아니다고 가정한다. 그러면 점 $(x_0, f(x_0))$와 점 $(x_1, 0)$를 지나는 직선의 기울기와 $f'(x_0)$는 같다. 즉,

$$\frac{0 - f(x_0)}{x_1 - x_0} = f'(x_0) \tag{3.3.1}$$

$$-f(x_0) = f'(x_0)(x_1 - x_0)$$

$f'(x) \neq 0$을 가정하고, 이 식을 정리하면

$$x_1 = x_0 - \frac{f(x_0)}{f'(x_0)} \tag{3.3.2}$$

이 된다. 이와 같은 방법으로 $x_1, x_2, \cdots$을 구할 수 있고, 그림 3.3.1에서 $x_1, x_2, \cdots$은 근에 수렴한다는 것을 알 수 있다. 그리고 Newton 방법의 일반식은 다음과 같다.

$$x_n = x_{n-1} - \frac{f(x_{n-1})}{f'(x_{n-1})}, \quad n = 1, 2, \cdots \tag{3.3.3}$$

이 방법을 사용하기 위해서는 함수의 도함수 $f'(x) \neq 0$가 존재해야 하고, 참값 근방에 있기를 바라는 초기값 x_0를 사용한다. Newton 방법은 다른 방법보다 수렴속도가 빠르다.

Newton 방법의 알고리즘은 다음과 같다.

알고리즘 3.3.1 Newton 방법

% input : $f(x), f'(x), x_0$

% output : x_k = root (3.3.3)

1. for k=1,2,⋯ satisfied, do:
2. $\quad x_k = x_0 - f(x_0) / f'(x_0)$
3. $\quad x_0 = x_k$

예제 3.3.1

다음 함수의 근을 Newton 방법으로 구해보자.

$$f(x) = e^x - 5 = 0$$

$f(x)$의 도함수는 $f'(x) = e^x$이므로 반복식은 다음과 같다.

$$x_n = x_{n-1} - \frac{e^{x_{n-1}} - 5}{e^{x_{n-1}}}, \quad n = 1, 2, \cdots$$

초기값으로 $x_0 = 4$를, 오차의 허용한계로 $\varepsilon = 0.001$을 사용하여 구한 계산 결과는 표 3.3.1과 같다.

표 3.3.1 Newton 방법 계산과정

n	x_n	$f(x_n)$	$x_n - x_{n-1}$	$\alpha - x_n$
0	4.	4.9598e+1		-2.3906e+0
1	3.0916	1.7012e+1	-9.0842e-1	-1.4821e+0
2	2.3187	5.1628e+0	-7.7285e-1	-7.0929e-1
3	1.8107	1.1149e+0	-5.0801e-1	-2.0128e-1
4	1.6284	9.5726e-2	-1.8232e-1	-1.8964e-2
5	1.6096	8.9352e-4	-1.8785e-2	-1.7869e-4
6	1.6094	7.9819e-8	-1.7867e-4	-1.5964e-8

앞에서 기술한 것과 달리 Taylor 급수전개로부터 Newton 공식을 유도할 수도 있다. Taylor 정리를 사용하여 $f(x)$의 급수를 구하면 다음과 같다.

$$f(x_n) = f(x_{n-1}) + (x_n - x_{n-1})f'(x_{n-1}) + \frac{1}{2}(x_n - x_{n-1})^2 f''(\xi) \qquad (3.3.4)$$

여기서 ξ는 α와 x_{n-1}사이에 있는 임의의 점이다. 1차 도함수보다 높은 차수의 항을 절단하면 근사식은 다음과 같다.

$$f(x_n) \approx f(x_{n-1}) + (x_n - x_{n-1})f'(x_{n-1})$$

x축과 교점에서의 $f(x_n)$은 0이므로

$$0 = f(x_{n-1}) + (x_n - x_{n-1})f'(x_{n-1})$$

이 성립한다. $f'(x) \neq 0$을 가정하고, 이 식을 정리하면

$$x_n = x_{n-1} - \frac{f(x_{n-1})}{f'(x_{n-1})}, \quad n = 1, 2, \cdots \tag{3.3.5}$$

이 되고, 이것은 Taylor 급수를 이용하여 유도한 Newton 공식이다.

오차

Newton 방법의 오차를 살펴보자. n번째 근삿값을 $x_n = \alpha$ 로 가정하면

$$0 = f(x_{n-1}) + (\alpha - x_{n-1}) f'(x_{n-1}) + \frac{1}{2}(\alpha - x_{n-1})^2 f''(\xi) \tag{3.3.6}$$

이 된다. 양변을 도함수 $f'(x_{n-1})$로 나누면

$$0 = \frac{f(x_{n-1})}{f'(x_{n-1})} + \alpha - x_{n-1} + \frac{f''(\xi)}{2f'(x_{n-1})}(\alpha - x_{n-1})^2$$

이 되다. 우변의 첫째 항이 $f(x_{n-1}) / f'(x_{n-1}) = x_{n-1} - x_n$ 이므로

$$0 = x_{n-1} - x_n + \alpha - x_{n-1} + \frac{f''(\xi)}{2f'(x_{n-1})}(\alpha - x_{n-1})^2$$

이 된다. x_n 에서의 오차 $\alpha - x_n$ 은

$$\alpha - x_n = \frac{-f''(\xi)}{2f'(x_{n-1})}(\alpha - x_{n-1})^2 \tag{3.3.7}$$

와 같다. 즉, 오차는 그 전 단계에서의 오차의 제곱에 비례한다.

예제 3.3.2 (계속)

함수 $f(x) = e^x - 5$ 의 1차, 2차 도함수는 다음과 같다.

$$f'(x) = e^x, \quad f''(x) = e^x$$

만약 근 α 가까이에 근삿값 x_n 이 있다면

$$\frac{-f''(\xi)}{2f'(x_{n-1})} \approx \frac{-f''(\alpha)}{2f'(\alpha)} = -0.5$$

가 되고, 오차의 근삿값은

$$\alpha - x_n \approx -0.5(\alpha - x_{n-1})^2$$

이 된다. 오차와 그 추정값을 구한 결과는 표 3.3.1에 주어져 있다

초기 단계에서의 오차는 $\alpha - x_0 = -2.3905621$ 이다. 이를 오차방정식에 대입하여 $n=1$ 인 경우에서의 오차의 추정값을 구한다.

$$\alpha - x_1 \approx -0.5(\alpha - x_0)^2 = -2.8573935$$

$n=6$ 인 경우에서 오차 $\alpha - x_6$ 과 오차의 추정값 $-0.5(\alpha - x_5)^2 = -1.5965 \times 10^{-8}$ 은 아주 가깝다는 것을 알 수 있다.

반복되는 x_n 의 계산을 종료할 시점을 알아보기 위하여 x_n 의 정확도를 추정해보자. $f'(\alpha) \neq 0$ 이다고 가정한다. $f(\alpha) = 0$ 이므로 $f(x_n) = f(x_n) - f(\alpha)$ 가 된다. 평균값 정리를 사용하면 x_n 과 α 사이의 임의의 점 ξ_n 에 대하여

$$f(x_n) - f(\alpha) = f'(\xi_n)(x_n - \alpha)$$

이 된다. x_n 과 α 이 가깝다면 $f'(x_n) \approx f(\xi_n)$ 와

$$\alpha - x_n = \frac{-f(x_n)}{f'(\xi_n)} \approx \frac{-f(x_n)}{f'(x_n)}$$

이 성립한다. 이 식은 Newton 공식으로부터

$$\alpha - x_n \approx x_{n+1} - x_n$$

이 된다. 보통 $x_{n+1} - x_n$ 을 오차추정공식으로 사용하며, 이 공식은 보통 꽤 정확하다. 이 오차추정공식의 정확도를 확인하기 위하여 위 예제에서 x_5 의 오차를 살펴보면 다음과 같다.

$$\alpha - x_5 = -0.1790876 \times 10^{-3}$$

$$x_6 - x_5 = -0.0001787$$

이는 Newton 방법의 오차추정공식의 정확도를 알려준다.

3.4 할선법

Newton 방법으로 함수의 근을 구할 때 각 단계마다 $f(x)$ 와 $f'(x)$ 를 계산해야 하며, 비용이 많이 드는 경우가 있을 수 있다. 이 같은 경우 Newton 방법에서의 접선의 기울기 $f'(x)$ 대신에 $f(x)$ 의 그래프상의 두 점으로 구한

직선의 기울기를 사용할 수도 있다. 그러면 반복의 각 단계에서 단지 하나의 함수만 계산하면 되어 계산시간이 줄어드는 효과를 얻게 된다. 이 방법을 할선법(secant method)라고 한다.

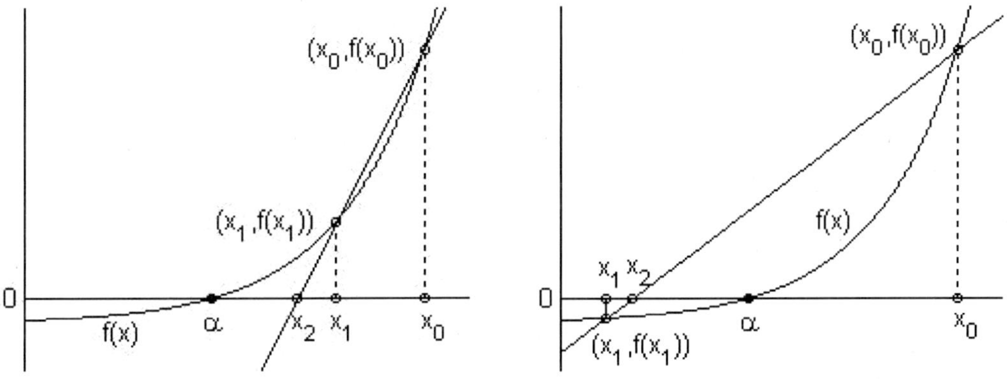

(1) $\alpha < x_1 < x_0$ (2) $x_1 < \alpha < x_0$

그림 3.4.1 할선법

초기값 x_0, x_1를 사용하여 다음 단계의 값 x_2을 구하는 과정은 다음과 같다. 함수의 근을 구하기 위하여 초기값으로 x_0, x_1이 주어지면 점 $(x_0, f(x_0))$와 점 $(x_1, f(x_1))$을 지나는 직선을 구할 수 있다. 이 직선과 x축이 만나는 값 x_2를 근 α의 다음 근삿값으로 한다.

먼저 할선법에서 $f'(x_0)$의 근사로 상기 두 점을 지나는 직선의 기울기

$$\frac{f(x_1) - f(x_0)}{x_1 - x_0} \tag{3.4.1}$$

를 Newton 공식에 대입하면, 새로운 근삿값 x_2는 다음과 같다.

$$x_2 = x_1 - f(x_1)\frac{x_1 - x_0}{f(x_1) - f(x_0)} \tag{3.4.2}$$

또 다른 관점으로 점 $(x_0, f(x_0))$와 점 $(x_1, f(x_1))$을 지나는 직선의 기울기와 점 $(x_1, f(x_1))$와 점 $(x_2, 0)$을 지나는 직선의 기울기를 고려한다. 이 두 직선의 기울기는 같다.

$$\frac{f(x_1) - f(x_0)}{x_1 - x_0} = \frac{0 - f(x_1)}{x_2 - x_1}$$

$$(x_2 - x_1)(f(x_1) - f(x_0)) = -f(x_1)(x_1 - x_0)$$

이 식을 x_2에 대해 정리하면

$$x_2 = x_1 - f(x_1)\frac{x_1 - x_0}{f(x_1) - f(x_0)} \qquad (3.4.3)$$

이 된다. 이와 같이 x_0, x_1로 x_2를 구하고, x_1, x_2로 x_3를 구할 수 있다. 이 과정을 반복하여 더 좋은 근삿값을 구하게 된다.

두 점을 지나는 직선인 할선을 사용하므로 이 방법을 할선법이라고 부르며, 일반식은 다음과 같다.

$$x_n = x_{n-1} - f(x_{n-1})\frac{x_{n-1} - x_{n-2}}{f(x_{n-1}) - f(x_{n-2})}, \quad n = 2,3,\cdots \qquad (3.4.4)$$

이분법과 할선법은 두 점을 사용하므로 이를 두점법(two point method)이라고도 부른다. 할선법은 이분법과 달리 초기값 사이에 근이 존재할 필요가 없으며, 수렴속도도 이분법보다 빠른 성질이 있다.

할선법의 알고리즘은 다음과 같다.

알고리즘 3.4.1 할선법

```
% input  : f(x), x_0, x_1
% output : x_k = root (3.4.4)
1.  for k=1,2,⋯ satisfied, do:
2.        x_k = x_1 - f(x_1)(x_1 - x_0)/[f(x_1) - f(x_0)]
3.        x_0 = x_1
4.        x_1 = x_k
```

예제 3.4.1

다음 함수의 근을 할선법으로 구해보자.

$$f(x) = e^x - 5 = 0$$

초기값으로 $[a,b] = [0,4]$를 사용하고, 오차의 허용한계로 $\varepsilon = 0.001$을 사용한다 계산 결과는 표 3.4.1과 같다.

표 3.4.1 할선법 계산과정

n	x_{n-2}	x_{n-1}	x_n	$f(x_n)$	$x_n - x_{n-1}$	$\alpha - x_n$
2	0	4.0000	0.29852	-3.6521e+0	-3.7015e+0	1.3109e+0
3	4.0000	0.29852	0.55238	-3.2626e+0	2.5386e-1	1.0571e+0
4	0.29852	0.55238	2.6787	9.5662e+0	2.1263e+0	-1.0693e+0
5	0.55238	2.6787	1.0931	-2.0164e+0	-1.5856e+0	5.1629e-1
6	2.6787	1.0931	1.3692	-1.0679e+0	2.7602e-1	2.4027e-1
7	1.0931	1.3692	1.6800	3.6537e-1	3.1080e-1	-7.0527e-2
8	1.3692	1.6800	1.6007	-4.3311e-2	-7.9227e-2	8.7000e-3
9	1.6800	1.6007	1.6091	-1.5179e-3	8.3964e-3	3.0362e-4
10	1.6007	1.6091	1.6094	6.6136e-6	3.0494e-4	-1.3227e-6

오차

할선법의 일반식의 양변에 -1을 곱하고 근 α를 더하면

$$\alpha - x_n = \alpha - x_{n-1} + f(x_{n-1})\frac{x_{n-1} - x_{n-2}}{f(x_{n-1}) - f(x_{n-2})}, \quad n = 2,3,\cdots$$

이 된다. Newton의 차분상을 이용하면 위 식의 우변은

$$\alpha - x_n = -(\alpha - x_{n-1})(\alpha - x_{n-2})\frac{f[x_{n-2}, x_{n-1}, \alpha]}{f[x_{n-2}, x_{n-1}]}$$

이 된다. 여기서 $f[a,b]$와 $f[a,b,c]$는 각각 Newton의 1차, 2차 차분상이다. 즉,

$$f[a,b] = \frac{f(b) - f(a)}{b - a}, \quad f[a,b,c] = \frac{f[b,c] - f[a,b]}{c - a}$$

그리고 차분상과 도함수의 관계를 이용하면 $\alpha - x_n$은

$$\alpha - x_n = (\alpha - x_{n-1})(\alpha - x_{n-2})\frac{-f''(\varsigma_n)}{2f'(\xi_n)}$$

이 된다. 여기서 ξ_n은 x_{n-2}와 x_{n-1}사이에 있고, ς_n은 x_{n-2}, x_{n-1}, α 사이에 있

는 수이다. 할선법의 오차공식은 Newton의 오차공식과 유사하다는 것을 알 수 있다.

위 오차공식은 근 α에 대한 반복되는 근삿값 x_n이 변하는 형태를 설명하기 위하여 사용할 수도 있다. x_{n-2}와 x_{n-1}이 α 가까이 있다면 오차공식은 다음과 같다.

$$\alpha - x_n = (\alpha - x_{n-1})(\alpha - x_{n-2})\frac{-f''(\alpha)}{2f'(\alpha)}$$

$\alpha - x_n$의 부호는 그 전 단계에서의 두 오차와 $f''(\alpha)/f'(\alpha)$로 결정된다.

오차를 검정(test)하기 위하여 Newton방법에서 사용한 것과 같은 오차추정(error estimate)을 사용해 보자.

$$\alpha - x_n \approx x_{n+1} - x_n$$

그 결과는 표 3.4.1에 주어져있다. 할선법은 수렴하지 않을 수도 있으므로 Newton 방법의 알고리즘과 같이 최대반복회수를 프로그램에 적용할 필요가 있다.

연습문제

3-1 주어진 구간 $[a,b]$ 내에 있는 함수의 근을 이분법으로 구하시오. 허용오차로 $\varepsilon = 0.001$ 를 사용하시오.

(1) $f(x) = x^2 - 16$, $[a,b] = [1,6]$

(2) $f(x) = x^2 - 9$, $[a,b] = [-4,-1]$

(3) $f(x) = x^3 - 7$, $[a,b] = [0,5]$

(4) $f(x) = x^3 + x - 3$, $[a,b] = [0,2]$

(5) $f(x) = 7x^5 - 3x^3 + 5x - 7$, $[a,b] = [-1,2]$

(6) $f(x) = e^x - x - 2$. $[a,b] = [0.5, 2.5]$

(7) $f(x) = e^{-2x} - \sin(x)$, $[a,b] = [0,2]$

(8) $f(x) = \dfrac{x^2}{2} - 1$, $[a,b] = [1,5]$

(9) $f(x) = \sqrt{2x-1} - \sqrt{x+2}$, $[a,b] = [2,5]$

(10) $f(x) = \cos(x)$, $[a,b] = [1, 2.5]$

(11) $f(x) = x^3 - \sin(3x)$, $[a,b] = [0.5, 2]$

(12) $f(x) = x^2 + 3x + 1 + \sin(x) - x\cos(x)$, $[a,b] = [-2,4]$

3-2 문제 3.1에서 주어진 함수의 근을 Newton 방법으로 구하시오. 허용오차로 $\varepsilon = 0.001$ 를 사용하시오.

(A) 초기값으로 $x_0 = b$ 를 사용하시오.

(B) 초기값으로 $x_0 = (a+b)/2$ 를 사용하시오.

3-3 문제 3.1에서 주어진 함수의 근을 할선법으로 구하시오. 주어져 있는 초기값을 사용하시오. 허용오차로 $\varepsilon = 0.001$ 를 사용하시오.

3-4 문제 3.1의 (6)에서 주어진 함수의 근을 이분법으로 구한다고 하자. 주어진 초기값과 아래의 허용오차를 만족시키는 반복회수 n 를 구하시오.

(1) $\varepsilon = 0.001$

(2) $\varepsilon = 0.00001$

(3) $\varepsilon = 0.0000001$

제4장
연립선형방정식의 해

이 장에서 다루는 주요 내용은 다음과 같다.

- ○ 행렬과 행렬연산
- ○ Gauss 소거법
- ○ Gauss-Jordan 방법
- ○ LU 분해

4.1 행렬과 행렬연산

여기서는 행렬과 연립선형방정식(simultaneous linear equations)의 해를 구하는 문제를 다루고자 한다. 다음은 n 개의 미지수 $x_1, x_2, \cdots, x_n$ 를 가지는 연립선형방정식이다.

$$\begin{aligned} a_{11}x_1 + a_{12}x_2 + \cdots + a_{1n}x_n &= b_1 \\ a_{21}x_1 + a_{22}x_2 + \cdots + a_{2n}x_n &= b_2 \\ &\vdots \\ a_{m1}x_1 + a_{m2}x_2 + \cdots + a_{mn}x_n &= b_m \end{aligned} \tag{4.1.1}$$

여기서 i 는 방정식의 개수를, j 는 관련된 미지수의 개수를 나타낸다. 계수 a_{ij} 와 우변의 b_j 는 상수이고, x_j 는 구하고자 하는 미지수이다.

식 (4.1.1)의 형태를 선형방정식계(system of linear equations) 또는 선형계(linear system)라고 부른다. 이 선형계의 차수는 n 이다. 선형방정식계는 행렬로 표현하는 것이 효율적이므로 먼저 행렬과 행렬연산에 대한 기초적인 내용을 살펴보자.

행렬이란 수를 직사각형 모양으로 배열한 것이다. 이러한 수를 행렬의 원소(element)라고 부른다. m 개의 행(row)과 n 개의 열(column)로 구성된 행렬은 $m \times n$ 행렬이라고 하며, 다음과 같이 나타낸다.

$$A = \begin{bmatrix} a_{11} & a_{12} & \cdots & a_{1n} \\ a_{21} & a_{22} & \cdots & a_{2n} \\ \vdots & \vdots & \ddots & \vdots \\ a_{m1} & a_{m2} & \cdots & a_{mm} \end{bmatrix}$$

또는 간단하게 다음과 같이 표기한다.

$$A = (a_{ij})_{m \times n}$$

으로 표기한다. a_{ij} 의 첫 번째 아래 첨자 i 는 행, 두 번째 아래첨자 j 는 열을 나타낸다. 행과 열의 개수를 나타내는 $m \times n$ 을 행렬의 차원(dimension)이라고 부른다. 특히 $m = n$ 인 행렬 A 를 $n \times n$ 정방행렬(square matrix)이라고 한다. $m = 1$ 인 $1 \times n$ 행렬을 행행렬(row matrix) 또는 행벡터(row vector), $n = 1$ 인 $m \times 1$ 행렬을 열행렬(column matrix) 또는 열벡터 (column vector)라고 한다.

연립방정식 (4.1.1)에서 미지수 x_j 와 상수 b_j 를 아래의 벡터 형태로 나타낼 수 있으므로

$$x = \begin{bmatrix} x_1 \\ x_2 \\ \vdots \\ x_n \end{bmatrix}, \quad b = \begin{bmatrix} b_1 \\ b_2 \\ \vdots \\ b_m \end{bmatrix}$$

이 연립방정식을 다음과 같이 표현한다.

$$Ax = b \tag{4.1.2}$$

모든 원소가 0 인 행렬(또는 벡터)을 영행렬(또는 영벡터)라고 부른다. 정방행렬 $A = (a_{ij})_{n \times n}$ 에서 $a_{11}, a_{22}, \cdots, a_{nn}$ 을 A 의 대각원소(diagonal element)라고 부른다. 비대각원소(off-diagonal element)가 모두 0 (즉, $a_{ij} = 0,\ i \neq j$) 인 정방행렬을 대각행렬(diagonal matrix)이라고 부른다. 대각원소가 모두 1 (즉, $a_{ii} = 1$ & $a_{ij} = 0,\ \ i \neq j$)인 $n \times n$ 대각행렬을 단위행렬(identity matrix)

라고 부르며, I_n 또는 I로 표기한다. 정방행렬 $A=(a_{ij})_{n\times n}$ 에서 $a_{ij}=0,\ i>j$ 이면 A를 상삼각행렬(upper triangular matrix)라고 부르고, $a_{ij}=0,\ i<j$ 이면 A는 하삼각행렬(lower triangular matrix)이라고 부른다. 그리고 정방행렬 $A=(a_{ij})$ 에서 $a_{ij}=0,\ |i-j|>1$ 이면 A를 삼각대각행렬(tridiagonal matrix)라고 부른다.

행렬연산

기본적인 행렬연산을 알아보자.

(1) 스칼라 곱 :

$$A=(a_{ij})_{m\times n},\ s=\text{스칼라일 때}\ \ s\cdot A=(s\cdot a_{ij})_{m\times n}$$

예를 들어,

$$A=\begin{bmatrix}1 & 3\\ 2 & 4\end{bmatrix}\ \text{이면,}\ \ 3A=\begin{bmatrix}3\times1 & 3\times3\\ 3\times2 & 3\times4\end{bmatrix}=\begin{bmatrix}3 & 9\\ 6 & 12\end{bmatrix}$$

(2) 전치행렬(transposition) :

$$A=(a_{ij})_{m\times n}\ \text{일 때}\ \ A^T=(a_{ij})^T_{m\times n}=(a_{ji})_{n\times m}$$

예를 들어,

$$A=\begin{bmatrix}1 & 2\\ 6 & 7\end{bmatrix}\text{이면,}\ \ A^T=\begin{bmatrix}1 & 6\\ 2 & 7\end{bmatrix}$$

$$A=\begin{bmatrix}1 & 2 & 3\\ 8 & 1 & 9\end{bmatrix}\text{이면,}\ \ A^T=\begin{bmatrix}1 & 8\\ 2 & 1\\ 3 & 9\end{bmatrix}$$

$$A=\begin{bmatrix}1 & 2\end{bmatrix}\text{이면,}\ \ A^T=\begin{bmatrix}1\\ 2\end{bmatrix}$$

$$A=\begin{bmatrix}1\\ 2\\ 3\end{bmatrix}\text{이면,}\ \ A^T=\begin{bmatrix}1 & 2 & 3\end{bmatrix}$$

$$A=\begin{bmatrix}1&2&3\\2&5&9\\3&9&7\end{bmatrix}\text{이면,}\quad A^T=\begin{bmatrix}1&2&3\\2&5&9\\3&9&7\end{bmatrix}$$

(3) 상등(equation) :

$A=(a_{ij})_{m\times n}$, $B=(b_{ij})_{m\times n}$ 일 때 모든 i, j 에 대하여 $a_{ij}=b_{ij}$ 이면 A 와 B 는 같다($A=B$).

예를 들어,

$$A=\begin{bmatrix}1&2\\3&4\end{bmatrix},\ B=\begin{bmatrix}1&2\\3&4\end{bmatrix},\ C=\begin{bmatrix}1&3\\2&4\end{bmatrix}\ \text{이면,}\ A=B,\quad A\neq C,\quad A^T=C$$

행렬 A 와 그 전치행렬 A^T 가 같으면(즉, $A=A^T$), A 를 대칭행렬(symmetric matrix)이라고 부른다.

(4) 덧셈과 뺄셈 :

$A=(a_{ij})_{m\times n}$, $B=(b_{ij})_{m\times n}$ 일 때 $C=A\pm B=(c_{ij})_{m\times n}$, $c_{ij}=a_{ij}\pm b_{ij}$

예를 들어,

$$A=\begin{bmatrix}1&2&3\\6&1&4\end{bmatrix},\ B=\begin{bmatrix}5&6&7\\8&1&9\end{bmatrix}\ \text{이면,}$$

$$C=A+B=\begin{bmatrix}1+5&2+6&3+7\\6+8&1+1&4+9\end{bmatrix}=\begin{bmatrix}6&8&10\\14&2&13\end{bmatrix}$$

$$D=A-B=\begin{bmatrix}1-5&2-6&3-7\\6-8&1-1&4-9\end{bmatrix}=\begin{bmatrix}-4&-4&-4\\-2&0&-5\end{bmatrix}$$

(5) 두 행렬의 곱셈 :

$A=(a_{ik})_{m\times n}$, $B=(b_{kj})_{n\times p}$ 일 때 $C=A\cdot B=(c_{ij})_{m\times p}$, $c_{ij}=\sum_{k=1}^{n}a_{ik}b_{kj}$

예를 들어,

$$A=\begin{bmatrix}1&2\\4&3\\5&7\end{bmatrix},\ B=\begin{bmatrix}5&6\\8&9\end{bmatrix}\ \text{이면,}$$

$$C = AB = \begin{bmatrix} 1\times5+2\times8 & 1\times6+2\times9 \\ 4\times5+3\times8 & 4\times6+3\times9 \\ 5\times5+7\times8 & 5\times6+7\times9 \end{bmatrix} = \begin{bmatrix} 5+16 & 6+18 \\ 20+24 & 24+27 \\ 25+56 & 30+63 \end{bmatrix} = \begin{bmatrix} 21 & 24 \\ 44 & 51 \\ 81 & 93 \end{bmatrix}$$

행렬 A와 B를 곱하기 위해서는 A의 열의 개수와 B의 행의 개수가 같아야만 한다. 그리고 두 행렬의 곱셈에는 교환법칙이 성립하지 않는다. 즉, $AB \neq BA$.

예를 들어,

$$A = \begin{bmatrix} 1 & 2 \\ 3 & 4 \end{bmatrix},\quad B = \begin{bmatrix} 2 & 1 \\ 3 & 5 \end{bmatrix} \text{ 이면, }\quad AB = \begin{bmatrix} 8 & 11 \\ 18 & 23 \end{bmatrix},\quad BA = \begin{bmatrix} 5 & 8 \\ 18 & 26 \end{bmatrix}$$

마지막으로 두 행렬의 곱에 대한 전치행렬은 각 행렬의 전치행렬을 역순으로 곱한 것과 동일하다. 즉, $(AB)^T = B^T A^T$.

이 밖에도 행렬연산에는 다음과 같은 성질이 존재한다.

결합법칙	$A+(B+C)=(A+B)+C$
	$A(BC)=(AB)C$
교환법칙	$A+B=B+A$
	$IA=AI=A$
분배법칙	$C(A+B)=CA+CB$
	$(A+B)C=AC+BC$
	$(s+t)A=sA+tA$
	$s(A+B)=sA+sB$
	여기서 s와 t는 스칼라이다.

역행렬

사칙연산 가운데 나눗셈은 행렬연산에서는 정의되지 않지만, 어떤 수의 역수를 구하는 방법과 유사하게 행렬연산을 할 수 있다. 행렬 A는 정방행렬이고, 행렬 I는 단위행렬이라고 하자. 교환법칙 $IA = AI = A$는 성립한다.

만약 정방행렬 A에 대하여 $AB = I = BA$를 만족하는 B가 존재한다면, B를 A의 역행렬(inverse matrix)이라고 부르고 A^{-1}로 표기한다.

만약 역행렬 A^{-1}가 존재하면, A는 정칙행렬(nonsingular matrix) 또는 가역행렬(invertible matrix)이라고 부른다.

다음 내용은 동치관계임을 보일 수 있다.

(1) A는 비정칙행렬이다.

(2) A의 행렬식(determinant)은 0이다$(\det A = 0)$.

(3) 벡터에서의 A의 행(또는 열)은 1차 독립이 아니다.

(4) $Ax = b\ (b \neq 0)$의 해는 존재하지 않거나 유일하지 않다.

2×2 행렬 A의 역행렬 A^{-1}는 다음과 같이 계산한다.

$$A = \begin{bmatrix} a & b \\ c & d \end{bmatrix} \text{이면, } A^{-1} = \frac{1}{\det(A)} \begin{bmatrix} d & -b \\ -c & a \end{bmatrix}, \quad \det(A) = ad - bc \neq 0 \tag{4.1.3}$$

3×3 행렬 A의 역행렬 A^{-1}은 다음과 같다.

$$A = \begin{bmatrix} a & b & c \\ d & e & f \\ g & h & i \end{bmatrix} \text{이면,}$$

$$A^{-1} = \frac{1}{|\det(A)|} \begin{bmatrix} ei - fh & -(bi - ch) & bf - ce \\ -(di - fg) & ai - cg & -(af - cd) \\ dh - eg & -(ah - bg) & ae - bd \end{bmatrix} \tag{4.1.4}$$

$$\det(A) = a(ei - fh) - b(di - fg) + c(dh - eg)$$

예제 4.1.1

다음 행렬의 역행렬을 구해보자. 만약 2×2 행렬 A가

$$A = \begin{bmatrix} 1 & 2 \\ 1 & 3 \end{bmatrix}$$

이면, 식 (4.1.3)으로부터 역행렬 A^{-1}를 구할 수 있다.

$$A^{-1} = \frac{1}{(1)(3) - (2)(1)} \begin{bmatrix} 3 & -2 \\ -1 & 1 \end{bmatrix} = \begin{bmatrix} 3 & -2 \\ -1 & 1 \end{bmatrix}$$

그리고 만약 3×3 행렬 B가

$$B=\begin{bmatrix} -9 & 4 & 2 \\ -9 & 5 & 2 \\ 5 & -2 & -1 \end{bmatrix}$$

이면, 식 (4.1.4)로부터 구한 역행렬 B^{-1}는 다음과 같다.

$$B^{-1}=\begin{bmatrix} 1 & 0 & 2 \\ -1 & 1 & 0 \\ 7 & -2 & 9 \end{bmatrix}$$

4.2 Gauss 소거법

행렬 A가 $n\times n$ 행렬이고 b는 벡터인 경우 연립방정식 $Ax=b$의 해 x를 구하는 Gauss 소거법(Gauss elimination)을 살펴보자. 다음과 같은 기본행 연산은 Gauss 소거법에서 사용된다.

$Ax=b$에서 다음 연산을 사용하여 구한 $Ax=b$와는 동치이다.
(1) 두 방정식을 서로 교환한다.
(2) 한 방정식에 0이 아닌 스칼라를 곱한다.
(3) 한 방정식에 0이 아닌 스칼라를 곱하여 다른 방정식과 더한다.

먼저, 기본행연산을 사용하여 A를 대각원소가 0이 아닌 상삼각행렬로 바꾼 다음, 역순으로 해 x_i를 구한다.
예를 들어, 다음 연립방정식의 해를 구해보자.

$$\begin{aligned} 2x_1 + x_2 - x_3 &= 5 \qquad (r1) \\ 4x_1 + 5x_2 - 3x_3 &= 9 \qquad (r2) \\ -2x_1 + 5x_2 - 2x_3 &= 4 \qquad (r3) \end{aligned}$$

1 단계 : $(r2)$와 $(r3)$에서 x_1을 소거한다. $(r2)-(r1)\times(4/2)$, $(r3)-(r1)\times(-2/2)$를 계산하면 새로운 연립방정식이 된다.

$$\begin{aligned} 2x_1 + x_2 - x_3 &= 5 \qquad (r1) \\ 3x_2 - x_3 &= -1 \qquad (r2b) \\ 6x_2 - 3x_3 &= 9 \qquad (r3b) \end{aligned}$$

2 단계 : $(r3b)$ 에서 x_2 를 소거한다. $(r3b)-(r2b)\times(6/3)$ 을 계산하면 새로운 연립방정식이 된다.

$$\begin{aligned} 2x_1 + x_2 - x_3 &= 5 \qquad (r1) \\ 3x_2 - x_3 &= -1 \qquad (r2b) \\ -x_3 &= 11 \qquad (r3c) \end{aligned}$$

마지막 단계 : 미지수를 x_1, x_2, x_3 의 역순으로 구한다.

$$x_3 = -11$$

$$x_2 = \frac{-1-(-x_3)}{3} = -4$$

$$x_1 = \frac{5-(x_2-x_3)}{2} = \frac{5-(-4+11)}{2} = -1$$

위에서 1단계와 2단계는 소거(elimination)단계라고 부르고, 마지막 단계는 후진대입(backward substitution)이라고 부른다. 소거단계는 상삼각행렬을 만들어 가는 과정이다.

선형연립방정식의 해를 구하기 위해 사용하는 Gauss 소거법은 프로그래밍하기가 용이하다. 이 과정을 보기 위하여 계수행렬 A 와 벡터 b 를 포함한 첨가행렬(또는 확대행렬: augmented matrix)로 표현하면 다음과 같다.

$$[A|b] = \left[\begin{array}{ccc|c} 2 & 1 & -1 & 5 \\ 4 & 5 & -3 & 9 \\ -2 & 5 & -2 & 4 \end{array}\right] \tag{4.2.1}$$

이 첨가행렬은 소거단계를 거치면 다음과 같게 된다.

$$\left[\begin{array}{ccc|c} 2 & 1 & -1 & 5 \\ 0 & 3 & -1 & -1 \\ 0 & 6 & -3 & 9 \end{array}\right] \Rightarrow \left[\begin{array}{ccc|c} 2 & 1 & -1 & 5 \\ 0 & 3 & -1 & -1 \\ 0 & 0 & -1 & 11 \end{array}\right]$$

식 (4.2.1)의 행렬에서 기본행연산을 통하여 얻은 위 첨가행렬에서 다음을 알 수 있다.

$$\begin{bmatrix} 2 & 1 & -1 \\ 0 & 3 & -1 \\ 0 & 0 & -1 \end{bmatrix} \begin{bmatrix} x_1 \\ x_2 \\ x_3 \end{bmatrix} = \begin{bmatrix} 5 \\ -1 \\ 11 \end{bmatrix}$$

위 식에서 후진대입을 사용하여 미지수 x_3, x_2, x_1의 값을 구하면 된다.

Gauss소거법의 모든 과정을 일반적인 계수를 사용하여 살펴보자. $n=3$인 경우 연립선형방정식의 해를 구하는 과정은 다음과 같다.

$$\begin{aligned} a_{11}x_1 + a_{12}x_2 + a_{13}x_3 &= b_1 \qquad (r1) \\ a_{21}x_1 + a_{22}x_2 + a_{23}x_3 &= b_2 \qquad (r2) \\ a_{31}x_1 + a_{22}x_2 + a_{33}x_3 &= b_3 \qquad (r3) \end{aligned}$$

1 단계 : 식 $(r2)$와 식 $(r3)$에서 x_1을 소거한다. 간단하게 $a_{11} \neq 0$이라고 가정하자. 승수(multiplier)를

$$m_{21} = \frac{a_{21}}{a_{11}}, \quad m_{31} = \frac{a_{31}}{a_{11}}$$

으로 두고, 연산 $(r2b) = (r2) - (r1) \times m_{21}$, $(r3b) = (r3) - (r1) \times m_{31}$을 수행하면 동치인 연립방정식을 얻게 된다

$$\begin{aligned} a_{11}x_1 + \ a_{12}x_2 + \ a_{13}x_3 &= b_1 \qquad (r1) \\ a_{22}^{(2)}x_2 + a_{23}^{(2)}x_3 &= b_2^{(2)} \qquad (r2b) \\ a_{32}^{(2)}x_2 + a_{33}^{(2)}x_3 &= b_3^{(2)} \qquad (r3b) \end{aligned}$$

여기서 계수 $a_{ij}^{(2)}$와 $b_i^{(2)}$는 다음과 같다.

$$a_{ij}^{(2)} = a_{ij} - a_{1j} \cdot m_{i1}, \quad i, j = 2, 3$$

$$b_i^{(2)} = b_i - b_1 \cdot m_{i1}, \qquad i = 2, 3$$

2 단계 : 식 $(r3b)$에서 x_2를 소거한다. 다시 $a_{22}^{(2)} \neq 0$이라고 가정하자. 승수

$$m_{32} = \frac{a_{32}^{(2)}}{a_{22}^{(2)}}$$

로 두고, 연산 $(r3c) = (r3b) - (r2b) \cdot m_{32}$를 수행하면 다음과 같은 동치인 연립방정식을 얻게 된다.

$$
\begin{aligned}
a_{11}x_1 + \ a_{12}x_2 \ + \ a_{13}x_3 &= b_1 \qquad (r1) \\
a_{22}^{(2)}x_2 + a_{23}^{(2)}x_3 &= b_2^{(2)} \qquad (r2b) \\
a_{33}^{(3)}x_3 &= b_3^{(3)} \qquad (r3c)
\end{aligned}
$$

여기서 $a_{33}^{(3)} = a_{33}^{(2)} - a_{23}^{(2)} \cdot m_{32}$, $b_3^{(3)} = b_3^{(2)} - b_2^{(2)} \cdot m_{32}$ 이다.

마지막 단계 : 후진대입으로 미지수를 x_3, x_2, x_1 의 순으로 구한다.

$$x_3 = \frac{b_3^{(3)}}{a_{33}^{(3)}}$$

$$x_2 = \frac{b_2^{(2)} - a_{23}^{(2)}x_3}{a_{22}^{(2)}}$$

$$x_1 = \frac{b_1 - (a_{12}x_2 + a_{13}x_3)}{a_{11}}$$

소거과정은 1단계나 2단계이고, 후진대입은 마지막 단계이다. 그리고 이 모든 과정을 Gauss 소거법이라고 부른다. 이 소거법은 기본행연산을 사용하고 있다. 만약 소거단계에서 피벗(pivot, 0 을 만들기 위해 사용되는 원소)인 a_{11} 또는 $a_{22}{}^{(2)}$ 가 0 인 경우 이 행을 열 중에서 0 이 아닌 원소를 가진 행과 교환하면 된다.

그리고 $n \geq 3$ 인 경우로 이 알고리즘을 쉽게 확장시킬 수 있다. 주어지는 연립방정식을 다음과 같이 표기하자.

$$
\begin{aligned}
a_{11}^{(1)}x_1 + a_{12}^{(1)}x_2 + \cdots + a_{1n}^{(1)}x_n &= b_1^{(1)} \qquad (r1) \\
a_{21}^{(1)}x_1 + a_{22}^{(1)}x_2 + \cdots + a_{2n}^{(1)}x_n &= b_2^{(1)} \qquad (r2) \\
&\vdots \\
a_{n1}^{(1)}x_1 + a_{n2}^{(1)}x_2 + \cdots + a_{nn}^{(1)}x_n &= b_n^{(1)} \qquad (rn)
\end{aligned}
$$

일반적으로 k 단계를 수행하기 전에 1단계부터 $(k-1)$ 단계까지의 연산결과를 보면 다음과 같다.

$$
\begin{aligned}
a_{11}^{(1)}x_1 + a_{12}^{(1)}x_2 + \qquad\qquad + a_{1n}^{(1)}x_n &= b_1^{(1)} \qquad (r1) \\
a_{22}^{(2)}x_2 + \qquad\qquad + a_{2n}^{(2)}x_n &= b_2^{(2)} \qquad (r2) \\
&\vdots \\
a_{kk}^{(k)}x_k + \cdots + a_{kn}^{(k)}x_n &= b_k^{(k)} \qquad (rk) \\
&\vdots \\
a_{nk}^{(k)}x_k + \cdots + a_{nn}^{(k)}x_n &= b_k^{(k)} \qquad (rn)
\end{aligned}
$$

일반적으로 k 단계에서 수행할 과정을 정리하면 다음과 같다.

k 단계 : $(k+1)$ 번째 행부터 n 번째 행까지에서 x_k 를 소거한다. $a_{kk}^{(k)} \neq 0$ 이라고 가정하고 승수를

$$m_{ik} = \frac{a_{ik}^{(k)}}{a_{kk}^{(k)}}, \quad i = k+1, k+2, \cdots, n \tag{4.2.2}$$

로 두자.

각각의 $i = k+1, \cdots, n$ 에 대하여 $(ri) - (rk) \cdot m_{ik}$ 를 계산하여 새로운 (ri) 로 하면 (ri) 의 x_i 는 소거된다. 이때 $(i+1)$ 번째 행에서 n 번째 행까지의 계수 $a_{ij}^{(k+1)}$ 와 $b_i^{(k+1)}$ 은 다음과 같다.

$$\begin{aligned} a_{ij}^{(k+1)} &= a_{ij}^{(k)} - a_{kj}^{(k)} \cdot m_{ik}, \quad i, j = k+1, k+2, \cdots, n \\ b_i^{(k+1)} &= b_i^{(k)} - b_k^{(k)} \cdot m_{ik}, \quad i = k+1, k+2, \cdots, n \end{aligned} \tag{4.2.3}$$

소거단계의 마지막인 $(n-1)$ 단계를 수행한 결과를 다음과 같은 형태의 선형연립방정식으로 표현할 수 있다.

$$\begin{aligned} u_{11}x_1 + u_{12}x_2 + \cdots + u_{1n}x_n &= c_1 \\ u_{22}x_2 + \cdots + u_{2n}x_n &= c_2 \\ &\vdots \\ u_{nn}x_n &= c_3 \end{aligned} \tag{4.2.4}$$

여기서 $u_{ij} = a_{ij}^{(i)}$, $c_i = b_i^{(i)}$ 이다.

마지막 단계 : 위 식에 후진대입을 사용하여 미지수를 $x_n, x_{n-1}, \cdots, x_1$ 순으로 계산한다.

$$\begin{aligned} x_n &= \frac{c_n}{u_{nn}} \\ x_i &= \frac{c_i - \sum_{j=i+1}^{n} u_{ij}x_j}{u_{ii}}, \quad i = n-1, n-2, \cdots, 1 \end{aligned} \tag{4.2.5}$$

다음 알고리즘 4.2.1은 Gauss 소거법을 나타내고 있다.

알고리즘 4.2.1 Gauss 소거법

```
% input  : a_ij, b_i, n
% output : x_i = root (4.2.5)
for k=1,2,…,n-1  do                               // elimination
      for i=k+1,k+2,…,n  do
            m = a_ik / a_kk
            for j=k+1,k+2, ...,n  do
                  a_ij = a_ij - a_kj × m
            b_i = b_i - b_k × m
x_n = b_n / a_nn                                   // back substitution
for i=n-1,n-2,…,1  do
      s = 0
      for j=i+1,i+2,…,n  do
            s = s + a_ij × x_j
      x_i = (b_i - s) / a_ii
```

피버팅

어떤 행렬 A 에 Gauss 소거법을 적용할 때 곤란한 문제가 발생할 수가 있다. 이러한 문제를 다음의 간단한 예를 가지고 살펴보자.

예제 4.2.1

다음 선형연립방정식을 풀어보자.

$$x_1 + 3x_2 + 5x_3 = 3$$
$$x_1 + 3x_2 + 8x_3 = 6$$
$$4x_1 + 5x_2 + 2x_3 = 1$$

이 연립방정식의 해는

$$x_1 = 1, \quad x_2 = -1, \quad x_3 = 1$$

이다. 위 식을 첨가행렬로 표현해서 소거단계를 나타내면 다음과 같다.

$$\left[\begin{array}{ccc|c} 1 & 3 & 5 & 3 \\ 1 & 3 & 8 & 6 \\ 4 & 5 & 2 & 1 \end{array}\right]$$

$$\downarrow m_{21} = 1,\ m_{31} = 4$$

$$\left[\begin{array}{ccc|c} 1 & 3 & 5 & 3 \\ 0 & 0 & 3 & 3 \\ 0 & -7 & -18 & -11 \end{array}\right]$$

1단계를 계산하면, 다음 단계의 피벗이 0이 되어 계산을 계속할 수가 없게 된다. 이러한 문제는 마지막 두 행을 교환한다면 간단하게 해결된다. 두 번째와 세 번째 행을 교환하면 다음과 같다.

$$\left[\begin{array}{ccc|c} 1 & 3 & 5 & 3 \\ 0 & -7 & -8 & -11 \\ 0 & 0 & 3 & 3 \end{array}\right]$$

후진대입으로 해를 구하면 된다.

$$x_3 = 1, \quad x_2 = -1, \quad x_1 = 1$$

그러나 일반적으로 대규모의 선형방정식계에서는 방정식을 위와 같은 특별한 순서로 재정리하는 것이 쉽지 않으므로 다른 방법을 생각하게 된다.

피벗에 0이 발생하는 원인은 여러 가지가 있다. 위의 예에서처럼 완전한 해가 있는 문제에서도 연산 과정에서 0이 나타난다. 연산 중에 갑자기 나타난 0을 피벗으로 선택하는 것을 피하고, 또 매우 작은 값을 갖는 피벗도 뺄셈에서 정확도를 떨어뜨릴 수 있으므로 이러한 것도 피벗으로 선택되지 않도록 하여 계산의 정확도를 높이는 전략을 사용할 수 있는데, 이를 피버팅전략(pivoting strategy)라고 부른다.

여기서는 실제로 가장 광범위하게 사용되는 피버팅전략을 살펴보자. 첫 번째 열 중에서 절대값이 최대가 되는 원소를 찾아서 피벗 p_1로 둔다.

$$p_1 = \max_{1 \le i \le n} |a_{i1}|$$

피벗행 즉, 피벗이 있는 행과 첫 번째 행을 교환한 다음, 피벗 아래에 있는 계수를 소거한다. 두 번째 행 이하에 있는 두 번째 열중에서 최대절대값을 갖는 원소를 찾아 피벗 p_2 로 둔다.

$$p_2 = \max_{2 \le i \le n} | a_{i2} |$$

피벗행과 두 번째 행을 교환한 다음, 피벗 아래에 있는 계수를 소거한다. 일반적으로 k 단계에서의 피벗 p_k 는 다음과 같다.

$$p_k = \max_{k \le i \le n} | a_{ik} |, \quad i = 1, 2, \cdots, n-1 \qquad (4.2.6)$$

최대값 p_k 를 만족하는 가장 작은 행번호를 $i(\ge k)$ 로 두자. 만약 $i > k$ 이면 A 와 b 의 k 번째 행과 i 번째 행을 교환한 후 소거과정을 수행한다.

위 과정을 부분피버팅(partial pivoting)이라고 부른다. 부분피버팅을 사용하면 거의 0 에 가까운 원소가 피벗 원소로 사용되는 상황을 피할 수 있고, 마무리 오차와 전파되는 영향도 감소된다. 그리고 부분피버팅을 채택하면 승수는

$$| m_{ik} | \le 1, \quad i = k+1, k+2, \cdots, n$$

을 만족한다. 이것은 계수행렬의 원소가 아주 큰 값이 안되게 하여 유효숫자 상실 오차를 감소시키는데 도움이 되어 보다 정확한 해를 구할 수 있다.

예제 4.2.2

다음 연립방정식 해를 구해보자. 유효숫자가 4 자리인 10 진수 연산을 사용하고, 반올림을 한다고 하자.

$$1.155x_1 + 7.531x_2 = 8.686$$
$$25.17x_1 - 1.230x_2 = 23.94$$

이 연립방정식의 정확한 해는 다음과 같다. $x_1 = 1, \quad x_2 = 1$.

(1) 피버팅을 하지 않을 경우

$$\begin{bmatrix} 1.155 & 7.531 & 8.686 \\ 25.17 & -1.230 & 23.94 \end{bmatrix}$$

$$\downarrow m_{21} = 25.17 / 1.155 = 21.79$$

$$\begin{bmatrix} 1.155 & 7.531 & 8.686 \\ 0 & -165.3 & -165.4 \end{bmatrix}$$

이 경우 해는 다음과 같다.

$$x_2 = 1.001, \quad x_1 = 0.9931$$

(2) 부분피버팅을 적용하는 경우

첫 번째 열의 값은 1.155와 25.17이다. 최대절대값은 25.17이므로 두 번째 행과 첫 번째 행을 교환한 다음 소거과정을 수행한다.

$$\begin{bmatrix} 25.17 & -1.230 & 23.94 \\ 1.155 & 7.531 & 8.686 \end{bmatrix}$$

$$\downarrow m_{21} = 1.555 / 25.17 = 0.04589$$

$$\begin{bmatrix} 25.17 & -1.230 & 23.94 \\ 0 & 7.5874 & 7.588 \end{bmatrix}$$

이 경우 해는 다음과 같다.

$$x_2 = 1.000, \quad x_1 = 1.000$$

다음 알고리즘 4.2.2은 부분피버팅을 나타내고 있다.

알고리즘 4.2.2 Gauss 소거법(부분피버팅)

```
% input  : a_ij, b_i, n
% output : x_i = root (4.2.5)
01.  for k=1,2,…,n-1  do                                  // elimination
p1.      p = k                               // partial pivoting
p2.      big = |a_kk|
p3.      for i=k+1,k+2,…,n  do
p4.          dummy = |a_ik|
p5.          if( dummy > big ) then big = dummy ,  p = i
p6.      if( p ≠ k ) then
p7.          for j=k,k+1,…,n  do
p8.              temp = a_pj ,  a_pj = a_kj ,  a_kj = temp
p9.          temp = b_p ,  b_p = b_k ,  b_k = temp
02.      for i=k+1,k+2,…,n  do
```

```
            m = a_ik / a_kk
            for j=k+1,k+2, . . . ,n  do
                a_ij = a_ij - a_kj × m
            b_i = b_i - b_k × m
x_n = c_n / a_nn                              // backward substitution
for i=n-1,n-2,⋯,1  do
        s = 0
        for j=i+1,i+2,⋯,n  do
            s = s + a_ij × x_j
        x_i = (c_i - s) / a_ii
```

4.3 Gauss-Jordan 소거법

Gauss-Jordan 방법은 선형방정식계 $Ax=b$ 의 해를 구하기 위해서 사용하는 방법이다. Gauss 소거법에서는 대각원소의 아래 부분을 소거시키지만 Gauss-Jordan 방법은 비대각원소를 모두 소거시킨다. 즉, 선형방정식계 $Ax=b$ 를 동치인 선형방정식계 $Dx=q$ 로 바꾼다는 것이다. 여기서 D 는 대각행렬이고,. 만약 D 가 단위행렬 I 이면 정규화되었다고 한다. 이 방법에서의 소거과정은 다음과 같다. $k=1,2,\cdots,n-1$ 에 대하여

$$a_{kj}^{(k+1)}=\frac{a_{kj}^{(k)}}{a_{kk}^{(k)}},\quad j=k,k+1,\cdots,n \tag{4.3.1}$$

$$b_k^{(k+1)}=\frac{b_k^{(k)}}{a_{kk}^{(k)}}$$

로 두고, k 번째 방정식의 아래위에 있는 모든 방정식에 있는 x_k 를 소거한다. 이때 방정식의 계수는 다음과 같다. $i=1,2,\cdots,n(i\neq k),\ j=k,k+1,\cdots,n$ 에 대하여

$$\begin{aligned} a_{ij}^{(k+1)} &= a_{ij}^{(k)}-a_{ik}^{(k)}a_{kj}^{(k+1)} \\ b_i^{(k+1)} &= b_i^{(k)}-a_{ik}^{(k)}b_k^{(k+1)} \end{aligned} \tag{4.3.2}$$

이다 이 과정을 거치면 선형방정식계 $Ax=b$ 는 동치인 선형방정식계 $Ix=q$

이 된다. 그러면 연립선형방정식 $Ax = b$ 의 해는 $x = q$ 가 된다.

예제 4.3.1

다음 연립선형방정식의 해를 Gauss-Jordan 방법으로 구해보자

$$
\begin{aligned}
2x_1 + x_2 - x_3 &= 5 \\
4x_1 + 5x_2 - 3x_3 &= 9 \\
-2x_1 + 5x_2 - 2x_3 &= 4
\end{aligned}
$$

위 식을 첨가행렬로 나타내면 다음과 같다.

$$
\left[\begin{array}{ccc|c} 2 & 1 & -1 & 5 \\ 4 & 5 & -3 & 9 \\ -2 & 5 & -2 & 4 \end{array}\right]
$$

1행에 1/2 을 곱하여 1행 1열의 값을 1로 바꾼 다음, 1열에서 소거과정을 수행한다. 즉, 1열의 두 번째 행 이하를 소거한다.

$$
\left[\begin{array}{ccc|c} 1 & 1/2 & -1/2 & 5/2 \\ 4 & 5 & -3 & 9 \\ -2 & 5 & -2 & 4 \end{array}\right] \Rightarrow \left[\begin{array}{ccc|c} 1 & 1/2 & -1/2 & 5/2 \\ 0 & 3 & -1 & -1 \\ 0 & 6 & -3 & 9 \end{array}\right]
$$

2행에 1/3 을 곱하여 2행 2열의 값을 1로 바꾼 다음, 2열에서 소거과정을 수행한다. 즉, 2열의 아래위를 소거한다.

$$
\left[\begin{array}{ccc|c} 1 & 1/2 & -1/2 & 5/2 \\ 0 & 1 & -1/3 & -1/3 \\ 0 & 6 & -3 & 9 \end{array}\right] \Rightarrow \left[\begin{array}{ccc|c} 1 & 0 & -1/3 & 8/3 \\ 0 & 1 & -1/3 & -1/3 \\ 0 & 0 & -1 & 11 \end{array}\right]
$$

3행에 1/(-1) 을 곱하여 3행 3열의 값을 1로 바꾼 다음, 3열에서 소거과정을 수행한다. 즉, 3열의 위를 소거한다.

$$
\left[\begin{array}{ccc|c} 1 & 1/2 & -1/2 & 5/2 \\ 0 & 1 & -1/3 & -1/3 \\ 0 & 0 & 1 & -11 \end{array}\right] \Rightarrow \left[\begin{array}{ccc|c} 1 & 0 & 0 & -1 \\ 0 & 1 & 0 & -4 \\ 0 & 0 & 1 & -11 \end{array}\right]
$$

그러면 연립선형방정식의 해는 다음과 같다.

$$
x_1 = -1, \quad x_2 = -4, \quad x_3 = -11
$$

다음 알고리즘 4.3.1은 Gauss-Jordan 방법을 나타내고 있다.

알고리즘 4.3.1 Gauss-Jordan 방법

```
% input  : a_ij, b_i, n
% output : x_i = root
for k=1,2,…,n  do
     akk = a_kk
     for j=k,k+1,…,n  do
          a_kj = a_kj / akk
     b_k = b_k / akk
     for i=k+1,k+2,…,n  do                              // elimination
          aik = a_ik
          for j=k+1,k+2,...,n  do
               a_ij = a_ij − aik × a_kj
          b_i = b_i − aik × b_k
     for i=1,2,…,k-1  do
          aik = a_ik
          for j=k+1,k+2,...,n  do
               a_ij = a_ij − aik × a_kj
          b_i = b_i − aik × b_k
for i=1,2,...,n  do
     x_i = b_i
```

$$\left[\begin{array}{cccc|ccccc} a_{11} & a_{12} & \cdots & a_{1n} & 1 & 0 & 0 & \cdots & 0 \\ a_{21} & a_{22} & \cdots & a_{2n} & 0 & 1 & 0 & \cdots & 0 \\ \vdots & \vdots & & \vdots & \vdots & \vdots & \vdots & & \vdots \\ a_{n1} & a_{n2} & \cdots & a_{nn} & 0 & 0 & 0 & \cdots & 1 \end{array}\right] \Rightarrow \left[\begin{array}{ccccc|cccc} 1 & 0 & 0 & \cdots & 0 & c_{11} & c_{12} & \cdots & c_{1n} \\ 0 & 1 & 0 & \cdots & 0 & c_{21} & c_{22} & \cdots & c_{2n} \\ \vdots & \vdots & \vdots & & \vdots & \vdots & \vdots & & \vdots \\ 0 & 0 & 0 & \cdots & 1 & c_{n1} & c_{n2} & \cdots & c_{nn} \end{array}\right]$$

그림 4.3.1 첨가행렬$[A|I]$과 Gauss-Jordan 방법으로 구한 역행렬 $A^{-1}=(c_{ij})$

만약 행렬 A 와 I 로 구성된 그림 4.3.1의 첨가행렬에 대해 Gauss-Jordan 방법을 적용하면 I 는 역행렬 A^{-1} 로 바뀔 것이다. 이것이 역행렬을 구하는 방법 중 하나이다.

A와 X를 각각 $n\times n$행렬이다고 하자. 역행렬 A^{-1}를 구하는 것은 방정식 $AX=I$의 해를 구하는 것과 같다. 만약 X와 I를 각각 n개의 열행렬

$$X=[x^{(1)},x^{(2)},\cdots,x^{(n)}],\quad I=[e^{(1)},e^{(2)},\cdots,e^{(n)}],$$
$$x^{(j)}=[x_{1j},x_{2j},\cdots,x_{nj}]^T,\quad e^{(j)}=[0,\cdots,1,\cdots 0]^T,\quad j=1,2,\cdots$$

로 나타낸다면, $AX=I$의 해를 구하는 것은 n개의 선형방정식계

$$Ax^{(1)}=e^{(1)},\quad Ax^{(2)}=e^{(2)},\quad Ax^{(n)}=e^{(n)} \tag{4.3.3}$$

의 해를 구하는 것과 같다. 이 선형방정식계는 모두 같은 계수행렬 A를 갖는다. n개의 연립선형방정식의

$$x^{(j)}=A^{-1}e^{(j)}=[c_{1j},c_{2j},\cdots,c_{nj}]^T,\quad j=1,2,\cdots,n \tag{4.3.4}$$

해들을 첨가함으로써 A의 역행렬 $X=A^{-1}$를 구하게 된다.

예제 4.3.2

다음 행렬 A의 역행렬을 Gauss-Jordan 방법으로 구해보자

$$A=\begin{bmatrix}2 & 1 & -1\\ 4 & 5 & -3\\ -2 & 5 & -2\end{bmatrix}$$

위 행렬에 단위행렬 I를 포함한 첨가행렬을 나타내면 다음과 같다.

$$\left[A\,|\,I\right]=\left[\begin{array}{ccc|ccc}2 & 1 & -1 & 1 & 0 & 0\\ 4 & 5 & -3 & 0 & 1 & 0\\ -2 & 5 & -2 & 0 & 0 & 1\end{array}\right]$$

첨가행렬 $[A|I]$의 1행1열을 1로 바꾼 다음, 1행을 제외한 나머지 행의 1열을 소거한다.

$$\left[\begin{array}{ccc|ccc}1 & 1/2 & -1/2 & 1/2 & 0 & 0\\ 4 & 5 & -3 & 0 & 1 & 0\\ -2 & 5 & -2 & 0 & 0 & 1\end{array}\right] \Rightarrow \left[\begin{array}{ccc|ccc}1 & 1/2 & -1/2 & 1/2 & 0 & 0\\ 0 & 3 & -1 & -2 & 1 & 0\\ 0 & 6 & -3 & 1 & 0 & 1\end{array}\right]$$

첨가행렬 $[A|I]$의 2행2열을 1로 바꾼 다음, 2행을 제외한 나머지 행의 2열을 소거한다.

$$\left[\begin{array}{ccc|ccc} 1 & 1/2 & -1/2 & 1/2 & 0 & 0 \\ 0 & 1 & -1/3 & -2/3 & 1/3 & 0 \\ 0 & 6 & -3 & 1 & 0 & 1 \end{array}\right] \Rightarrow \left[\begin{array}{ccc|ccc} 1 & 0 & -1/3 & 5/6 & -1/6 & 0 \\ 0 & 1 & -1/3 & -2/3 & 1/3 & 0 \\ 0 & 0 & -1 & 5 & -2 & 1 \end{array}\right]$$

첨가행렬 $[A|I]$의 3행3열을 1로 바꾼 다음, 3행을 제외한 나머지 행의 3열을 소거한다.

$$\left[\begin{array}{ccc|ccc} 1 & 0 & -1/3 & 5/6 & -1/6 & 0 \\ 0 & 1 & -1/3 & -2/3 & 1/3 & 0 \\ 0 & 0 & 1 & -5 & 2 & -1 \end{array}\right] \Rightarrow \left[\begin{array}{ccc|ccc} 1 & 0 & 0 & -5/6 & 1/2 & -1/3 \\ 0 & 1 & 0 & -7/3 & 1 & -1/3 \\ 0 & 0 & 1 & -5 & 2 & -1 \end{array}\right]$$

그러면 행렬 A는 가역행렬이고, A의 역행렬 A^{-1}는 다음과 같다.

$$A^{-1} = \begin{bmatrix} -5/6 & 1/2 & -1/3 \\ -7/3 & 1 & -1/3 \\ -5 & 2 & -4 \end{bmatrix}$$

다음 알고리즘 4.3.2는 Gauss-Jordan 방법을 이용하여 역행렬을 구하는 것을 나타내고 있다.

알고리즘 4.3.2 역행렬(Gauss-Jordan 방법)

```
% input  : a_ij, n
% output : c_ij = inverse matrix of ( a_ij )
for i=1,2,…,n  do                                    // identity matrix ( c_ij )
      c_ii = 1
      for j=i+1,i+2,…,n  do
            c_ij = 0,   c_ji = 0
for k=1,2,…,n do
      akk = a_kk
      for j=k,k+1,…,n  do
            a_kj = a_kj / akk
      for j=1,2,…,n  do
            c_kj = c_kj / akk
      for i=k+1,k+2,…,n  do                                  // elimination
```

```
            aik = a_ik
            for j=k+1,k+2,...,n  do
                a_ij = a_ij - aik × a_kj
            for j=1,2,…,n  do
                c_ij = c_ij - aik × c_kj
        for i=1,2,…,k-1  do
            aik = a_ik
            for j=k+1,k+2,...,n  do
                a_ij = a_ij - aik × a_kj
            for j=1,2,…,n  do
                c_ij = c_ij - aik × c_kj
```

Gauss 소거법과 Gauss-Jordan 방법의 연산횟수를 비교해보자. Gauss 소거법을 사용하여 $Ax = b$ 의 해를 구할 때 필요한 연산횟수를 살펴보자. 전통적으로 연산횟수의 조사는 곱셈과 나눗셈을 대상으로 하는데, 과거의 컴퓨터에서는 이들 연산이 덧셈과 뺄셈보다 시간이 더 소요되었기 때문이다. 나눗셈은 곱셈보다 계산 속도가 느리지만 두 연산을 같이 취급한다. 그러나 지금은 사칙연산에 소요되는 계산 시간의 차가 거의 없다. 어떤 알고리즘을 사용하느냐에 따라 실행 시간의 실질적 차이가 있을 뿐이다.

소거과정에서의 연산횟수를 보자. $i = 1$ 인 경우 즉, $a_{21}, a_{31}, \cdots, a_{n1}$ 을 소거시키는 연산횟수를 보자. 먼저 a_{21} 을 소거시키기 위해 1회의 나눗셈($m_{21} = a_{21}/a_{11}$)을 한 후 n 회($a_{2j}, j = 2, \cdots, n+1$ 가 포함)의 곱셈과 뺄셈을 한다. 이 과정은 $a_{21}, \cdots, a_{n1}$ 까지 수행되어야 되기 때문에 $(n-1)$ 회를 반복하게 된다. 즉, $i = 1$ 인 경우 나눗셈은 $(n-1)$ 번, 곱셈은 $(n-1)(n+1-1)$ 번, 뺄셈은 $(n-1)(n+1-1)$ 번을 연산한다. 각 단계별 연산횟수가 표 4.3.1에 정리되어 있다.

각 열의 합은 다음 식을 이용하여 구하였다.

$$\sum_{i=1}^{n} i = \frac{n(n+1)}{2}, \quad \sum_{i=1}^{n} i^2 = \frac{n(n+1)(2n+1)}{6} \tag{4.3.5}$$

소거과정에서의 곱셈과 나눗셈의 연산횟수(MD)와 덧셈과 뺄셈의 연산횟

표 4.3.1 소거과정의 연산횟수

단계	뺄셈	곱셈	나눗셈
1	$(n-1)(n+1-1)$	$(n-1)(n+1-1)$	$(n-1)$
2	$(n-2)(n+1-2)$	$(n-2)(n+1-2)$	$(n-2)$
$\vdots$	$\vdots$	$\vdots$	$\vdots$
i	$(n-i)(n+1-i)$	$(n-i)(n+1-i)$	$(n-i)$
$\vdots$	$\vdots$	$\vdots$	$\vdots$
$n-1$	$1\cdot 2$	$1\cdot 2$	1
합	$\dfrac{n^3-n}{3}$	$\dfrac{n^3-n}{3}$	$\dfrac{n(n-1)}{2}$

수(AS)는 각각 다음과 같다.

$$MD(E)=\frac{n^3-n}{3}+\frac{n(n-1)}{2}=\frac{n(n-1)(2n+5)}{6} \tag{4.3.6}$$

$$AS(E)=\frac{n^3-n}{3}$$

그리고 후진대입에서의 연산횟수를 보자. x_n 에서는 1회 나눗셈이 일어나고, $x_{n-1}, x_{n-2}, \cdots, x_1$ 의 계산에서는 각각 $(n-i)$ 회의 곱셈, $(n-i-1)$ 회의 덧셈, 1회의 뺄셈, 1회의 나눗셈이 요구된다. 그러므로 후진대입 과정에서의 총연산횟수는 다음과 같다.

$$\begin{aligned} MD(B) &= 1+\sum_{i=1}^{n-1}[(n-i)+1]=\frac{n(n+1)}{2} \\ AS(B) &= \sum_{i=1}^{n-1}[(n-i-1)+1]=\frac{n(n-1)}{2} \end{aligned} \tag{4.3.7}$$

그러므로 Gauss 소거법에서의 연산횟수는 소거과정과 후진대입에서의 연산횟수의 합으로 구해진다.

$$MD=\frac{n^3+3n^2-n}{3}\approx\frac{1}{3}n^3, \quad AS=\frac{n(n-1)(2n+5)}{3}\approx\frac{1}{3}n^3 \tag{4.3.8}$$

n 이 크면, 곱셈과 나눗셈의 연산횟수와 덧셈과 뺄셈의 연산횟수는 거의 같

으며 그 값은 약 $n^3/3$이다.

Gauss-Jordan 방법의 경우 요구되는 연산횟수는 위와 유사하게 구할 수 있다.

$$MD = \frac{n(n-1)^2}{2} \approx \frac{1}{2}n^3, \quad AS = \frac{n(n^2-1)}{2} \approx \frac{1}{2}n^3 \tag{4.3.9}$$

Gauss 소거법과 Gauss-Jordan 방법을 사용할 때 수행되는 연산횟수는 표 4.3.2와 같다. 선형방정식계의 크기가 커지면 Gauss-Jordan 방법은 Gauss 소거법보다 50% 정도 계산을 더 많이 하는데, 이것은 무시할 정도는 아니다. 그러나 Gauss-Jordan 방법은 최소의 기억장소를 사용하므로 역행렬 계산에 사용할 수도 있다.

표 4.3.2 연산횟수

n	Gauss 소거법		Gauss-Jordan 소거법	
	곱셈/나눗셈	덧셈/뺄셈	곱셈/나눗셈	덧셈/뺄셈
3	17	11	6	12
10	430	375	405	495
30	9890	9425	12615	13485
50	44150	42875	60025	62475
100	343300	338250	490050	499950

4.4 LU 분해

Gauss 소거법에서 선형연립방정식의 계수행렬을 상삼각행렬로 바꾼 다음, 후진대입법으로 해를 구하였다. 여기서는 계수행렬 A를 대각원소가 1인 하삼각행렬 L과 비음의 대각원소를 갖는 상삼각핼렬 U의 곱으로 인수분해하는 것을 소개하고, 이를 이용하여 선형연립방정식의 해를 구하는 절차를 소개한다.

예를 들어, 행렬 A가 다음과 같이 주어진다고 하자.

$$A = \begin{bmatrix} 2 & 1 & -1 \\ 4 & 5 & -3 \\ -2 & 5 & -2 \end{bmatrix}, \quad b = \begin{bmatrix} 5 \\ 9 \\ 4 \end{bmatrix}$$

이 행렬에서 소거단계를 수행하면

$$\left[\begin{array}{ccc|c} 2 & 1 & -1 & 5 \\ 4 & 5 & -3 & 9 \\ -2 & 5 & -2 & 4 \end{array}\right]$$

$$\downarrow m_{21} = 2, \quad m_{31} = -1$$

$$\left[\begin{array}{ccc|c} 2 & 1 & -1 & 5 \\ 0 & 3 & -1 & -1 \\ 0 & 6 & -3 & 9 \end{array}\right]$$

$$\downarrow m_{32} = 2$$

$$\left[\begin{array}{ccc|c} 2 & 1 & -1 & 5 \\ 0 & 3 & -1 & -1 \\ 0 & 0 & -1 & 11 \end{array}\right]$$

이 된다. 그러면 상삼각행렬과 승수로 구성된 하삼각행렬 L이 나타난다.

$$L = \begin{bmatrix} 1 & 0 & 0 \\ 2 & 1 & 0 \\ -1 & 2 & 1 \end{bmatrix}, \quad U = \begin{bmatrix} 2 & 1 & -1 \\ 0 & 3 & -1 \\ 0 & 0 & -1 \end{bmatrix}$$

그리고 $LU = A$가 성립한다. 이것을 A가 LU 분해(LU decomposition)되었다고 부른다.

$$LU = \begin{bmatrix} 2 & 1 & -1 \\ 4 & 5 & -3 \\ -2 & 5 & -2 \end{bmatrix} = \mathrm{A}$$

다음은 행렬 A, 하삼각행렬 L, 상삼각행렬 U의 일반적인 표현이다.

$$A = \begin{bmatrix} a_{11} & a_{12} & \cdots & a_{1n} \\ a_{21} & a_{22} & \cdots & a_{2n} \\ \vdots & \vdots & \ddots & \vdots \\ a_{n1} & a_{n2} & \cdots & a_{nn} \end{bmatrix}$$

$$L=\begin{bmatrix}1 & 0 & 0 & \cdots & 0\\ m_{21} & 1 & 0 & \cdots & 0\\ m_{31} & m_{32} & 1 & \cdots & 0\\ \vdots & \vdots & \vdots & \ddots & \vdots\\ m_{n1} & m_{n2} & m_{n3} & \cdots & 1\end{bmatrix},\quad U=\begin{bmatrix}u_{11} & u_{12} & u_{13} & \cdots & u_{1n}\\ 0 & u_{22} & u_{23} & \cdots & u_{2n}\\ 0 & 0 & u_{33} & \cdots & u_{3n}\\ \vdots & \vdots & \vdots & \ddots & \vdots\\ 0 & 0 & 0 & \cdots & u_{nn}\end{bmatrix} \tag{4.4.1}$$

그리고 A가 가역행렬이면 $u_{kk}\neq 0$, $k=1,2,\cdots,n$이다. 상삼각행렬 U의 원소 u_{ij}는 Gauss 소거법의 소거단계가 완료된 상태이고, 하삼각행렬 L의 원소 m_{ij}는 소거단계에서의 승수이다.

선형계 $Ax=b$의 계수행렬 A가 LU 인수분해가 된다고 하자. 그러면 $Ax=b$를 푸는 것과 $LUx=b$를 푸는 것은 동치이다. 그리고 $Ux=y$로 두고 먼저 $Ly=b$에서 y를 구한 다음, $Ux=y$에서 해 x를 구할 수 있다.

위의 예에서 $Ly=b$는 아래와 같다.

$$\begin{bmatrix}1 & 0 & 0\\ 2 & 1 & 0\\ -1 & 2 & 1\end{bmatrix}\begin{bmatrix}y_1\\ y_2\\ y_3\end{bmatrix}=\begin{bmatrix}5\\ 9\\ 4\end{bmatrix}$$

이 식에서 구한 y_1, y_2, y_3는 다음과 같다.

$$\begin{aligned}y_1 &= 5\\ y_2 &= 9-(2y_1)=-1\\ y_3 &= 4-(-y_1+2y_2)=11\end{aligned}$$

또는 $y=[5\ \ -1\ \ 11]^T$. 이를 전진대입(forward substitution)이라고 부른다. 다음으로 $Ux=y$를 나타내면 아래와 같다.

$$\begin{bmatrix}2 & 1 & -1\\ 0 & 3 & -1\\ 0 & 0 & -1\end{bmatrix}\begin{bmatrix}x_1\\ x_2\\ x_3\end{bmatrix}=\begin{bmatrix}5\\ -1\\ 11\end{bmatrix}$$

후진대입을 적용하면 x_3, x_2, x_1은 다음과 같다.

$$\begin{aligned}x_3 &= -11\\ x_2 &= \frac{-1-(-x_3)}{3}=-4\\ x_1 &= \frac{5-(x_2-x_3)}{2}=-1\end{aligned}$$

일반적으로 행렬 A에 L과 U의 원소를 동시에 저장한다. 행렬 L의 대각선도 1과 대각선 위 부분 0은 저장하지 않고, 행렬 U의 대각선 아래 부분 0도 저장하지 않다. 즉, 식 (4.4.1)의 L과 U를 하나의 행렬로 표현하면 다음과 같다.

$$\begin{bmatrix} u_{11} & u_{12} & u_{13} & \cdots & u_{1n} \\ m_{21} & u_{22} & u_{23} & \cdots & u_{2n} \\ m_{31} & m_{32} & u_{33} & \cdots & u_{3n} \\ \vdots & \vdots & \vdots & \ddots & \vdots \\ m_{n1} & m_{n2} & m_{n3} & \cdots & u_{nn} \end{bmatrix} \tag{4.4.2}$$

예를 들어, 앞에서 기술한 L과 U를 다음과 같이 하나의 행렬로 표현할 수 있다.

$$\begin{bmatrix} 2 & 1 & -1 \\ 2 & 3 & -1 \\ -1 & 2 & -1 \end{bmatrix}$$

그리고 계수행렬 A를 L과 U로 분해한 다음, 하삼각행렬 L을 사용하여 전진대입으로 $Ly = b$에서의 y를 구하는 과정은

$$\begin{aligned} y_1 &= b_1 \\ y_i &= b_i - \sum_{j=1}^{i-1} m_{ij} y_i, \quad i = 2, 3, \cdots, n \end{aligned} \tag{4.4.3}$$

이다. 그리고 상삼각행렬 U를 사용하여 후진대입으로 $Ux = y$에서의 x를 구하는 과정은

$$x_n = \frac{y_n}{a_{nn}}$$

$$x_i = \frac{y_i - \sum_{j=i+1}^{n} a_{ij} x_j}{a_{ii}}, \quad i = n-1, n-2, \cdots, 1 \tag{4.4.4}$$

이다.

다음 알고리즘 4.4.1은 LU 분해를 나타내고 있다.

알고리즘 4.4.1 LU 분해

```
% input  : a_ij, b_i, n
% output : x_i = root (4.4.4)
for k=1,2,⋯,n-1  do                          // LU decomposition
     for i=k+1,k+2,⋯,n  do
          m = a_ik / a_kk
          for j=k+1,k+2, . . . ,n  do
               a_ij = a_ij - a_kj × m
          a_ik = m
y_1 = b_1                                    // forward substitution (4.4.3)
for i=2,3,⋯,n  do
     s = 0
     for j=1,2,⋯,i-1  do
          s = s + a_ij × y_j
     y_i = b_i - s
x_n = y_n / a_nn                             // back substitution (4.4.4)
for i=n-1,n-2,⋯,1  do
     s = 0
     for j=i+1,i+2,⋯,n  do
          s = s + a_ij × x_j
     x_i = (y_i - s) / a_ii
```

삼각대각행렬

연립방정식 $Ax = d$ 에서 계수행렬 A 가 아래와 같은 형태인 경우 Gauss소거법을 단순화시킬 수 있다.

다음 행렬 A 를 삼각대각행렬이라고 부르고, 식 $Ax = d$ 를 삼각대각연립방정식이라고 부른다.

$$A = \begin{bmatrix} b_1 & c_1 & 0 & & & \cdots & 0 \\ a_2 & b_2 & c_2 & 0 & & \cdots & 0 \\ 0 & a_3 & b_3 & c_3 & 0 & \cdots & 0 \\ \vdots & & & \ddots & & & \vdots \\ 0 & & & & & & 0 \\ 0 & & & 0 & a_{n-1} & b_{n-1} & c_{n-1} \\ 0 & & & & 0 & a_n & b_n \end{bmatrix} \tag{4.4.5}$$

삼각대각연립방정식 $Ax = d$ 를 다음과 같이 표현할 수도 있다.

$$a_i x_{i-1} + b_i x_i + c_i x_{i+1} = d_i$$

$$a_1 = 0$$

$$c_n = 0$$

이제 $A = LU$ 가 되는 하삼각행렬 L 과 상삼각행렬 U 를 구해보자. 하삼각행렬 L 과 상삼각행렬 U 를 각각 다음과 같이 두자.

$$L = \begin{bmatrix} 1 & 0 & 0 & \cdots & 0 & 0 \\ \alpha_2 & 1 & 0 & \cdots & 0 & 0 \\ 0 & \alpha_3 & 1 & & 0 & 0 \\ \vdots & \vdots & \ddots & \ddots & \vdots & \vdots \\ & & & \alpha_{n-1} & 1 & 0 \\ 0 & 0 & 0 & \cdots & \alpha_n & 1 \end{bmatrix}, \quad U = \begin{bmatrix} \beta_1 & c_1 & 0 & \cdots & 0 & 0 \\ 0 & \beta_2 & c_2 & \cdots & 0 & 0 \\ \vdots & \vdots & & & \vdots & \vdots \\ & & & \ddots & & \\ 0 & 0 & 0 & \cdots & \beta_{n-1} & c_{n-1} \\ 0 & 0 & 0 & \cdots & 0 & \beta_n \end{bmatrix} \tag{4.4.6}$$

그러면

$$LU = \begin{bmatrix} \beta_1 & c_1 & & & & & \\ \alpha_2\beta_1 & \alpha_2 c_1 + \beta_2 & c_2 & & & & \\ 0 & \alpha_3\beta_2 & \alpha_3 c_2 + \beta_3 & c_3 & & & \\ & & & \ddots & & & \\ & & & & \alpha_{n-1}\beta_{n-2} & \alpha_{n-1}c_{n-2} + \beta_{n-1} & c_{n-1} \\ & & & & & \alpha_n\beta_{n-1} & \alpha_n c_{n-1} + \beta_n \end{bmatrix} \tag{4.4.7}$$

이 되므로 $A = LU$ 로부터

$$\beta_1 = b_1$$

$$\alpha_i \beta_{i-1} = a_i\,,\ \ \alpha_i c_{i-1} + \beta_i = b_i\,,\ \ i = 2,3,\cdots,n$$

을 얻게 된다. 따라서 위 식을 풀면 α_i, β_i의 값을 구하게 된다.

$$\beta_1 = b_1$$

$$\alpha_i = \frac{a_i}{\beta_{i-1}}\,,\ \ \beta_i = b_i - \alpha_i c_{i-1}\,,\ \ i = 2,3,\cdots,n \tag{4.4.8}$$

이 연립방정식 $Ax = d$를 $LUx = d$로 표현하고 $Ux = y$, $Ly = d$로 두자. 먼저 $Ly = d$를 전진대입으로 풀어 y_i를 얻는다.

$$y_1 = d_1$$

$$y_i = d_i - \alpha_i y_{i-1}\,,\ \ i = 2,3,\cdots,n \tag{4.4.9}$$

그리고 $Ux = y$를 후진대입으로 풀어 x_i를 구한다.

$$x_n = \frac{y_n}{\beta_n}$$

$$x_i = \frac{y_i - c_i x_{i+1}}{\beta_i}\,,\ \ i = n-1, n-2, \cdots, 1 \tag{4.4.10}$$

이 연산의 속도는 매우 빠르고, 곱셈과 나눗셈의 연산횟수는 단지 $(5n-4)$이다.

예제 4.4.1

다음 연립선형방정식 $Ax = d$의 해를 구해보자.

$$\begin{aligned} 3x_1 - x_2 \quad\quad\quad\quad &= 12 \\ x_1 - 5x_2 + x_3 \quad\quad &= -11 \\ 2x_2 + 7x_3 + x_4 &= 2 \\ x_3 - 3x_4 &= -10 \end{aligned}$$

계수행렬 A와 d는 다음과 같다.

$$A = \begin{bmatrix} 3 & -1 & 0 & 0 \\ 1 & -5 & 1 & 0 \\ 0 & 2 & 7 & 1 \\ 0 & 0 & 1 & -3 \end{bmatrix},\quad d = \begin{bmatrix} 12 \\ -11 \\ 2 \\ -10 \end{bmatrix}$$

행렬 A는 삼각대각행렬이므로 식 (4.4.8)로부터

$$\beta_1 = b_1 = 3$$

$$\alpha_2 = \frac{a_2}{\beta_1} = \frac{1}{3},\quad \beta_2 = b_2 - \alpha_2 c_1 = -5 - \left(\frac{1}{3}\right)(-1) = -\frac{14}{3}$$

$$\alpha_3 = \frac{a_3}{\beta_2} = \frac{2}{-14/3} = -\frac{3}{7},\quad \beta_3 = b_3 - \alpha_3 c_2 = 7 - \left(-\frac{3}{7}\right)(1) = \frac{52}{7}$$

$$\alpha_4 = \frac{a_4}{\beta_3} = \frac{1}{52/7} = \frac{7}{52},\quad \beta_4 = b_4 - \alpha_4 c_3 = -3 - \left(\frac{7}{52}\right)(1) = -\frac{163}{52}$$

이 되므로

$$L = \begin{bmatrix} 1 & 0 & 0 & 0 \\ 1/3 & 1 & 0 & 0 \\ 0 & -3/7 & 1 & 0 \\ 0 & 0 & 7/52 & 1 \end{bmatrix},\quad U = \begin{bmatrix} 3 & -1 & 0 & 0 \\ 0 & -14/3 & 1 & 0 \\ 0 & 0 & 52/7 & 1 \\ 0 & 0 & 0 & -163/52 \end{bmatrix}$$

이 된다. 그리고 $LU = A$가 됨을 알 수 있다. 먼저 $Ly = d$를 전진대입으로 풀면

$$y_1 = d_1 = 12$$

$$y_2 = d_2 - \alpha_2 y_1 = -11 - \left(\frac{1}{3}\right)(12) = -15$$

$$y_3 = d_3 - \alpha_3 y_2 = 2 - \left(-\frac{3}{7}\right)(-15) = -\frac{31}{7}.$$

$$y_4 = d_4 - \alpha_4 y_3 = -10 - \left(\frac{7}{52}\right)\left(-\frac{31}{7}\right) = -\frac{489}{52}$$

된다. 그리고 $Ux = y$를 후진대입으로 풀면

$$x_4 = \frac{y_4}{\beta_4} = \frac{-489/52}{-163/52} = 3$$

$$x_3 = \frac{y_3 - c_3 x_4}{\beta_3} = \frac{-\frac{31}{7} - (1)(3)}{52/7} = -1$$

$$x_2 = \frac{y_2 - c_2 x_3}{\beta_2} = \frac{-15-(1)(-1)}{-14/3} = 3$$

$$x_1 = \frac{y_1 - c_1 x_2}{\beta_1} = \frac{12-(-1)(3)}{3} = 5$$

가 된다.

지금 설명한 과정은 피버팅전략이 불필요한 경우를 가정한 것이다. 이러한 가정은 다음 조건이 만족되면 성립한다.

$$|b_1| > |c_1|$$
$$|b_i| \ge |a_i| + |c_i|, \quad i = 2,3,\cdots,n-1$$
$$|b_n| > |a_n|$$

다음 알고리즘 4.4.2는 피버팅 전략을 적용하지 않은 삼각대각행렬을 나타내고 있다. y_i와 x_i를 별도로 사용하지 않고, d_i를 공용하였다.

알고리즘 4.4.2 삼각대각행렬(피버팅전략 무적용)

% input : $a_i(i=2,3,\cdots,n), b_i(i=1,2,\cdots,n), c_i(i=1,2,\cdots,n-1), n, d_i$
% output : $d_i = x_i$ = root (4.4.10)
for i=2,3,…,n do // (4.4.8)
    $a_i = a_i / b_{i-1}$
    $b_i = b_i - a_i \times c_{i-1}$
for i=2,3,…,n do // (4.4.9)
    $d_i = d_i - a_i \times d_{i-1}$
$d_n = d_n / b_n$ // (4.4.10)
for i=n-1,n-2,…,1 do
    $d_i = (d_i - c_i \times d_{i+1}) / b_i$

연습문제

4-1 행렬이 아래와 같다고 하자. 다음을 구하시오.

$$A=\begin{bmatrix}1 & 3\\5 & 8\end{bmatrix},\ B=\begin{bmatrix}6 & 1\\3 & 4\end{bmatrix},\ C=\begin{bmatrix}1 & 2 & 3\\6 & 7 & 8\end{bmatrix}$$

(1) A^T, B^T

(2) $A+B$, $A-B$

(3) $A\times B$, $A\times C$

(4) 위 문제를 계산하는 프로그램을 작성하시오.

4-2 다음의 행렬 $A=(a_{ij})_{n\times n}$와 벡터 $b=(b_i)_n$를 구성하시오.

$$a_{ij}=\max\{i,j\},\ 1\le i\le 5,\ 1\le j\le 5$$

$$b_i=1,\ 1\le i\le 5$$

4-3 다음 행렬 $A=(a_{ij})_{m\times n}$과 벡터 $b=(b_i)_n$을 구성하시오.

$$a_{ij}=\begin{cases}\dfrac{i}{j}, & 1\le i\le j\le 5\\[2mm] \dfrac{j}{i}, & 1\le j\le i\le 5\end{cases}$$

$$b_i=\begin{cases}1, & i=\text{홀수}\\ -1, & i=\text{짝수}\end{cases}$$

4-4 다음 행렬 $H=(h_{ij})_{n\times n}$을 구성하시오.

$$h_{ij}=\frac{1}{i+j-1},\quad 1\le i,j\le n$$

4-5 다음 행렬의 역행렬을 구하시오.

(1) $A=\begin{bmatrix}1 & 3\\3 & 3\end{bmatrix}$

(2) $A=\begin{bmatrix} 1 & \frac{1}{2} & \frac{1}{3} \\ \frac{1}{2} & \frac{1}{3} & \frac{1}{4} \\ \frac{1}{3} & \frac{1}{4} & \frac{1}{5} \end{bmatrix}$

4-6 다음 선형계의 해를 Gauss소거법으로 구하시오. 단, 피버팅은 사용하지 않는다.

(1) $A=\begin{bmatrix} 5 & 2 & 1 \\ 3 & 0 & 1 \\ 1 & 3 & 6 \end{bmatrix}, \quad b=\begin{bmatrix} 13 \\ 5 \\ 22 \end{bmatrix}$

(2) $A=\begin{bmatrix} 2 & 5 & -2 \\ 1 & -3 & 2 \\ -4 & -1 & 3 \end{bmatrix}, \quad b=\begin{bmatrix} 8 \\ 5 \\ -2 \end{bmatrix}$

(3) $A=\begin{bmatrix} 4 & 2 & 0 & 1 \\ 1 & -3 & 5 & 3 \\ 2 & 3 & 1 & 2 \\ 1 & -2 & 4 & 3 \end{bmatrix}, \quad b=\begin{bmatrix} 0 \\ 8 \\ -3 \\ 5 \end{bmatrix}$

(4) 위 문제를 계산하는 프로그램을 작성하시오.

4-7 문제 4-6의 선형계에 대하여 다음 물음에 답하시오.

(A) 부분피버팅을 사용하여 해를 구하시오.

(B) 위 문제를 계산하는 프로그램을 작성하시오.

4-8 다음 행렬의 역행렬을 Gauss-Jordan 소거법으로 구하시오.

(1) $A=\begin{bmatrix} 1 & 1.001 \\ 1 & 1 \end{bmatrix}$

(2) $A=\begin{bmatrix} 1 & 1 \\ 1 & 1.001 \end{bmatrix}$

4-9 문제 4-6의 선형계에 대하여 아래 물음에 답하시오.

(A) 선형계의 해를 Gauss-Jordan 소거법으로 구하시오.

(B) 위 문제를 계산하는 프로그램을 작성하시오.

4-10 문제 4-6의 선형계에 대하여 다음 물음에 답하시오.

(A) A를 L과 U로 분해하시오.

(B) 선형계의 해를 구하시오.

(C) 위 문제를 계산하는 프로그램을 작성하시오.

4-11 다음 연립방정식의 계수행렬은 삼각대각행렬이다. 해를 구하시오.

(1)
$$\begin{aligned} 3x_1 + x_2 \qquad\qquad &= 16 \\ x_1 + 3x_2 + x_3 \qquad &= 9 \\ x_2 + 3x_3 + x_4 &= 9 \\ x_3 + 3x_4 &= 16 \end{aligned}$$

(2)
$$\begin{aligned} x_1 + 2x_2 \qquad\qquad &= 5 \\ 2x_1 + 3x_2 - 2x_3 \qquad &= 2 \\ 4x_2 + 3x_3 + 2x_4 &= 15 \\ 3x_3 - 4x_4 &= 13 \end{aligned}$$

(3)
$$\begin{aligned} 2x_1 + 3x_2 \qquad\qquad\qquad &= 8 \\ 3x_1 + 7x_2 + 2x_3 \qquad\qquad &= 23 \\ 2x_2 + 3x_3 + 8x_4 \qquad &= 45 \\ 6x_3 + 2x_4 - 3x_5 &= 11 \\ x_4 + 5x_5 &= 29 \end{aligned}$$

제5장
보간법과 함수근사법

이 장에서 다루는 주요 내용은 다음과 같다.

- ○ Lagrange 보간법
- ○ Newton 보간법
- ○ Cheybyshev 다항식

5.1 Lagrange 보간법

여기서는 가장 중요하게 사용되는 수치적 방법 가운데 하나인 보간법을 설명하려고 한다. 보간법(interpolation)은 주어진 점들을 통과하는 함수를 찾고, 그 함수의 값을 구하는 과정이다. 보간법은 다음과 같은 경우에 유용하게 사용된다. 어떤 함수의 값이 필요하여 특정한 수표를 이용하는 경우 그 수표에서 주어지지 않을 때 값을 구하기 위해 보간법을 이용한다. 이러한 접근은 컴퓨터나 계산기의 사용이 불편한 시절에는 수표를 이용하는 중요하고도 효율적인 방법이었다. 또 어떤 함수의 근삿값을 구하는 경우 잘 알려진 Taylor 다항식을 사용할 수 있으며, 이 다항식은 특정한 점 부근에서는 정확도가 매우 높다. 모든 구간에서 비교적 정확한 근삿값을 구하고자 할 때 보간법을 사용할 수 있다. 그리고 수치적분 또는 수치미분을 하는 경우 함수를 대체할 근사 함수를 구하기 위해 보간법을 사용할 수도 있다.

선형 보간다항식과 2차 보간다항식

먼저 주어진 두 점을 통과하는 1차 다항식을 구하는 방법인 선형보간법을 살펴보자. $x_0 \neq x_1$인 두 점 (x_0, y_0)와 (x_1, y_1)이 주어졌다고 가정하자. 이때, 이 점들을 통과하는 1차 함수인 선형보간다항식은 다음과 같다.

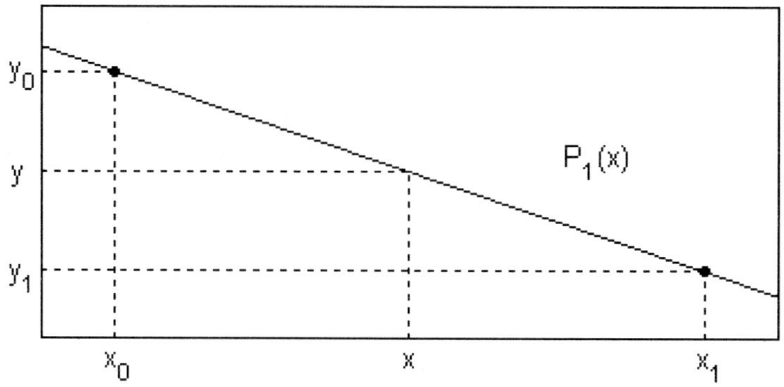

그림 5.1.1 선형보간다항식

그림 5.1.1에서 유사한 삼각형을 사용한다면

$$\frac{y - y_0}{x - x_0} = \frac{y_1 - y_0}{x_1 - x_0}$$

이 되고, 이를 정리하면 다음과 같다.

$$P_1(x) \equiv y = \frac{(x_1 - x)y_0 + (x - x_0)y_1}{x_1 - x_0} = L_0(x)y_0 + L_1(x)y_1 \tag{5.1.1}$$

여기서

$$L_0(x) = \frac{x - x_1}{x_0 - x_1}, \quad L_1(x) = \frac{x - x_0}{x_1 - x_0}$$

그림 5.1.1은 이 다항식의 그래프를 나타낸 것이다. $x = x_0$이면 $P_1(x_0) = y_0$가 되고, $x = x_1$이면 $P_1(x_1) = y_1$가 된다. 즉, 보간조건은 다음과 같다.

$$P_1(x_i) = y_i, \quad i = 0, 1 \tag{5.1.2}$$

위 조건을 만족하면 함수 $P_1(x)$ 를 보간함수 또는 보간다항식이라고 부른다. 보간다항식은 주어진 모든 점 x_i 에서 y_i 를 보간하는 함수이다.

자료가 직선이 아닌 곡선의 그래프 또는 함수를 나타내는 경우 1차 다항식보다 2차 다항식이 더 적합할 수 있다.

서로 다른 x_0, x_1, x_2 에 대하여 세 점 $(x_0, y_0), (x_1, y_1), (x_2, y_2)$ 이 주어졌다고 하고, 이 점을 통과하는 2차 다항식을 구하면 다음과 같게 된다.

$$P_2(x) = L_0(x)y_0 + L_1(x)y_1 + L_2(x)y_2 \tag{5.1.3}$$

여기서

$$L_0(x) = \frac{(x-x_1)(x-x_2)}{(x_0-x_1)(x_0-x_2)}, \quad L_1(x) = \frac{(x-x_0)(x-x_2)}{(x_1-x_0)(x_1-x_2)}, \quad L_2(x) = \frac{(x-x_0)(x-x_1)}{(x_2-x_0)(x_2-x_1)}$$

이다. 이 $P_2(x)$ 를 2차 보간다항식이라고 부른다.

개별 $L_i(x)$ 는 2차 다항식이므로 $P_2(x)$ 의 차수는 2이하가 된다. 그리고

$$L_i(x_j) = \begin{cases} 0, & i \neq j, \quad 0 \le i, j \le 2 \\ 1, & i = j \end{cases} \tag{5.1.4}$$

이므로 Kronecker 델타함수가 된다. 이 함수의 성질로부터 $P_2(x)$ 가 점들을 보간한다는 것을 알 수 있다.

$$P_2(x_i) = y_i, \quad i = 0, 1, 2$$

예제 5.1.1

두 점 $(1, 0), (5, 1.6094)$ 를 통과하는 선형보간함수 $P_1(x)$ 를 구하고, $P_1(3.5)$ 를 계산해보자. 식 (5.1.1)로부터

$$\begin{aligned} P_1(x) &= \frac{x-5}{1-5}(0) + \frac{x-1}{5-1}(1.6094) \\ &= 0.40235x - 0.40235 \end{aligned}$$

이다. 그리고

$$P_1(3.5) = 0.40235(3.5) - 0.40235 = 1.005875$$

이다.

주어진 두 점은 $y = \ln(x)$ 에서 선택한 것이다. 함수 $\ln(x)$ 와 선형보간함수 $P_1(x)$ 를 그래프로 표현한 것이 그림 5.1.2에 주어져 있다.

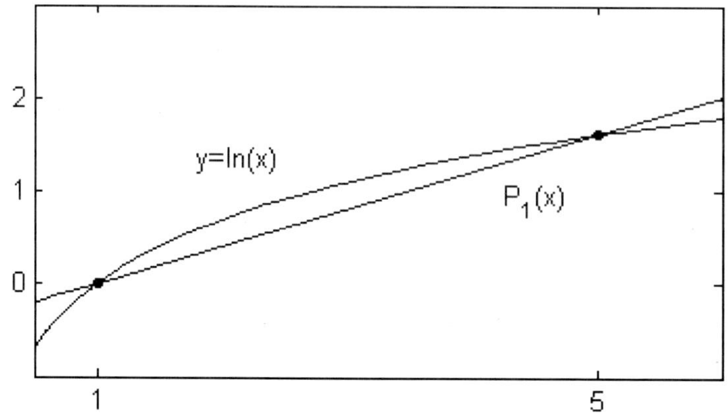

그림 5.1.2 $y = \ln(x)$ **와** $P_1(x)$

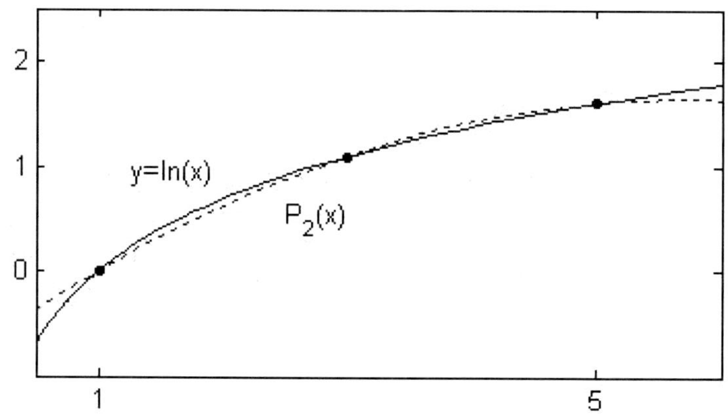

그림 5.1.3 $y = \ln(x)$ **와** $P_2(x)$

예제 5.1.2 (계속)

세 점 $(1,0)$, $(3,1.0986)$, $(5,1.6094)$ 를 통과하는 2차 보간다항식 $P_2(x)$ 을 구하고, $P_2(3.5)$ 를 계산해보자. 식 (5.1.3)으로부터

$$\begin{aligned}
P_2(x) &= \frac{(x-3)(x-5)}{(1-3)(1-5)}(0) + \frac{(x-1)(x-5)}{(3-1)(3-5)}(1.0986) + \frac{(x-1)(x-3)}{(5-1)(5-3)}(1.6094) \\
&= \frac{1.0986}{-4}(x^2-6x+5) + \frac{1.6094}{8}(x^2-4x+3) \\
&= -0.073475x^2 + 0.8432x - 0.769725
\end{aligned}$$

그리고

$$P_2(3.5) = -0.073475(3.5)^2 + 0.8432(3.5) - 0.769725$$
$$= 1.28140625$$

이다. 이 2차 보간다항식의 그래프는 그림 5.1.3에 주어져 있다.

고차 보간다항식

서로 다른 x_i 에 대하여 $(n+1)$ 개의 점 $(x_0, y_0), (x_1, y_1), \cdots, (x_n, y_n)$ 이 주어졌다고 하자. 차수가 n 이하인 보간다항식은 다음과 같다.

$$P_n(x) = L_0(x)y_0 + L_1(x)y_1 + \cdots + L_n(x)y_n = \sum_{i=0}^{n} L_i(x)y_i \qquad (5.1.5)$$

여기서

$$\begin{aligned} L_i(x) &= \frac{(x-x_0)(x-x_1)\cdots(x-x_{i-1})(x-x_{i+1})\cdots(x-x_n)}{(x_i-x_0)(x_i-x_1)\cdots(x_i-x_{i-1})(x_i-x_{i+1})\cdots(x_i-x_n)} \\ &= \prod_{\substack{j=0 \\ j\neq i}}^{n} \frac{x-x_j}{x_i-x_j}, \quad 0 \le i \le n \end{aligned} \qquad (5.1.6)$$

그리고 $P_n(x)$ 를 n 차 Lagrange 보간다항식(Lagrange interpolation poly nomial), $L_i(x)$ 를 Lagrange 보간기저함수(interpolation basis function)라고 부른다.

보간기저함수 $L_i(x)$ 가 n 차 다항식이므로 $P_n(x)$ 은 차수가 n 이하인 다항식이 되고, Kronecker 델타함수인 $L_i(x)$ 의 성질로부터 $P_n(x)$ 가 보간다항식임을 알 수 있다.

그리고 서로 다른 x_i 에 대하여 보간조건

$$P_n(x_i) = y_i, \quad i = 0, 1, 2, \cdots, n \qquad (5.1.7)$$

을 만족시키는 보간다항식 $P_n(x)$ 는 차수가 n 이하인 모든 다항식 중에서 정확하게 하나만 존재하는 성질이 있다.

다음 알고리즘 5.1.1은 Lagrange 보간다항식을 나타내고 있다.

알고리즘 5.1.1 Lagrange 보간다항식

```
% input  : n, x_i, y_i, x
% output : L_n = Lagrange interpolation polynomial (5.1.5)
L_n = 0
for i=0,1,2,…,n  do
    p_1 = 1
    for j=0,1,…,i-1  do
        p_1 = p_1 × (x − x_j) / (x_i − x_j)
    p_2 = 1
    for j=i+1,i+2,…,n  do
        p_2 = p_2 × (x − x_j) / (x_i − x_j)
    L_n = L_n + (p_1 × p_2) × y_i
```

5.2 Newton 보간법

Newton 차분

함수 $f(x)$는 연속이고 $x_0, x_1, x_2, \cdots, x_n$은 구간 $x_0 \le x \le x_n$ 내의 서로 다른 값이라고 하자. 그리고 임의의 x_i와 x_j는 x의 반드시 연속되는 값은 아니다. 표 5.2.1은 x와 $f(x)$의 값을 보여준다.

표 5.2.1 x**와** $f(x)$

x	$f(x)$
x_0	$f(x_0)$
x_1	$f(x_1)$
x_2	$f(x_2)$
$\vdots$	$\vdots$
x_n	$f(x_n)$

그러면 1차 차분(divided difference)는 다음과 같이 정의한다.

$$f[x_i, x_j] = \frac{f(x_j) - f(x_i)}{x_j - x_i} \tag{5.2.1}$$

유사하게 2차 차분과 3차 차분은 각각 다음과 같이 정의한다.

$$f[x_i, x_j, x_k] = \frac{f[x_j, x_k] - f[x_i, x_j]}{x_k - x_i} \tag{5.2.2}$$

$$f[x_i, x_j, x_k, x_p] = \frac{f[x_j, x_k, x_p] - f[x_i, x_j, x_k]}{x_p - x_i} \tag{5.2.3}$$

일반적으로 $(i+1)$ 개의 서로 다른 $x_0, x_1, \cdots, x_i$ 에 대하여 i 차 차분은 다음과 같이 정의한다.

$$f[x_0, x_1, \cdots, x_i] = \frac{f[x_1, x_2, \cdots, x_i] - f[x_0, x_1, \cdots, x_{i-1}]}{x_i - x_0}, i = 1, 2, \cdots, n \tag{5.2.4}$$

이것을 Newton 차분이라고도 부르고, D_i 로도 표기한다.

다음 표 5.2.2는 주어진 (x_0, y_0) 로부터 1차 차분에서 n 차 차분까지 구하는 과정을 나타내고 있다.

표 5.2.2 차분

x	$f(x)$	1차 차분	2차 차분		n 차 차분
x_0	$f(x_0)$				
x_1	$f(x_1)$	$f[x_0, x_1]$			
x_2	$f(x_2)$	$f[x_1, x_2]$	$f[x_0, x_1, x_2]$		
x_3	$f(x_3)$	$f[x_2, x_3]$	$f[x_1, x_2, x_3]$		
$\vdots$	$\vdots$	$\vdots$	$\vdots$		
x_n	$f(x_n)$	$f[x_{n-1}, x_n]$	$f[x_{n-2}, x_{n-1}, x_n]$	$\cdots$	$f[x_0, x_1, \cdots, x_n]$

예제 5.2.1

서로 다른 세 점 $(x_0, y_0), (x_1, y_1), (x_2, y_2)$ 이 아래와 같이 주어진 경우

$$(1, 0), \ (3, 1.0986), \ (5, 1.6094)$$

차분을 구해보자. 식 (5.2.1)로부터

$$f[x_0, x_1] = \frac{f(x_1) - f(x_0)}{x_1 - x_0} = \frac{1.0986 - 0}{3 - 1} = 0.5493$$

$$f[x_1, x_2] = \frac{f(x_2) - f(x_1)}{x_2 - x_1} = \frac{1.6094 - 1.0986}{5 - 3} = 0.2554$$

이다. 그리고 식 (5.2.2)로부터

$$f[x_0, x_1, x_2] = \frac{f[x_1, x_2] - f[x_0, x_1]}{x_2 - x_0} = \frac{0.2554 - 0.5493}{5 - 1} = -0.073475$$

가 된다. 이것을 정리하면 다음과 같다.

i	x_i	$f(x_i) = y_i$	$f[x_{i-1}, x_i]$	$f[x_{i-2}, x_{i-1}, x_i]$
0	1	0		
1	3	1.0986	0.5493	
2	5	1.6094	0.2554	-0.073475

Newton 차분을 구하는 알고리즘은 다음과 같다.

알고리즘 5.2.1 Newton 차분

% input : $x_i, f_i = f(x_i), n$

% output : $f_i = f[x_0, x_1, \cdots, x_i]$ = Newton's divided difference D_i (5.2.4)

1. for i=1,2,⋯,n do
2. for j=n,n-1,⋯,i do
3. $f_j = (f_j - f_{j-1}) / (x_j - x_{j-i})$

Newton 보간다항식

Newton 차분을 이용하여 서로 다른 x_i 에 대하여 $(x_0, y_0), (x_1, y_1), \cdots, (x_n, y_n)$을 통과하는 보간다항식을 구하면 다음과 같다.

$$P_n(x) = f(x_0) + (x-x_0)f[x_0, x_1] \\ + (x-x_0)(x-x_1)f[x_0, x_1, x_2] \\ + \cdots \\ + (x-x_0)(x-x_1)\cdots(x-x_{n-1})f[x_0, x_1, \cdots x_n] \tag{5.2.5}$$

이것을 Newton 보간다항식(Newton's interpolation polynomial)이라고 부른다. 여기서 x_i 는 등간격이 될 필요도 없고, 크기 순으로 되어 있을 필요도 없다.

$n=1$ 인 경우 1차 보간다항식은

$$P_1(x) = f(x_0) + (x-x_0)f[x_0, x_1]$$

이고, $n=2$ 인 경우 2차 보간다항식은

$$P_2(x) = f(x_0) + (x-x_0)f[x_0, x_1] + (x-x_0)(x-x_1)f[x_0, x_1, x_2]$$

임을 알 수 있다. 즉, $k \geq 0$ 에 대하여

$$P_{k+1}(x) = P_k(x) + (x-x_0)(x-x_1)\cdots(x-x_k)f[x_0, x_1, \cdots x_{k+1}]$$

이 성립한다. 따라서 $(k+1)$ 차 다항식을 계산하는 경우 만약 k 차 다항식이 계산되었다면, 추가되는 하나의 차분만 계산하면 되므로 비용의 최소화를 이룰 수 있다.

그리고 $P_1(x)$ 가 보간다항식임을 살펴보자. 먼저 $P_1(x) = f(x_0)$ 가 됨을 알 수 있다. 그리고

$$P_1(x) = f(x_0) + (x_1 - x_0)\frac{f(x_1 - x_0)}{x_1 - x_0} = f(x_1)$$

이다. 그래서 보간조건을 만족하며, $P_1(x)$ 의 차수는 1 이하이다. 보간다항식의 유일성에 따라 $P_1(x)$ 도 주어진 점을 보간하는 선형보간다항식이다.

Newton 보간다항식을 효율적으로 계산하기 위하여 괄호형식으로 표현해 보자. 먼저

$$D_0 = f(x_0) \tag{5.2.6}$$

$$D_i = f[x_0, x_1, \cdots, x_i], \quad i = 1, 2, \cdots, n$$

$$z_i = (x - x_i), \quad i = 0, 1, \cdots, n-1$$

으로 두면, $P_n(x)$는 다음과 같이 표현된다.

$$\begin{aligned} P_n(x) &= D_0 + z_0 D_1 + z_0 z_1 D_2 + \cdots + z_0 z_1 \cdots z_{n-1} D_n \\ &= D_0 + z_0(D_1 + z_1(D_2 + \cdots + z_{n-2}(D_{n-1} + z_{n-1}D_n)\cdots)) \end{aligned} \tag{5.2.7}$$

식 (5.2.5)보다 식 (5.2.7)을 사용하여 $P_n(x)$를 계산하면 곱셈연산횟수는 n이 되어 비용이 줄어든다.

예제 5.2.2 (계속)

표 5.2.3에서 구한 차분을 이용하여 $P_2(3.5)$를 계산하면 다음과 같다.

$$\begin{aligned} P_2(3.5) &= f(x_0) + (3.5 - x_0) f[x_0, x_1] + (3.5 - x_0)(3.5 - x_1) f[x_0, x_1, x_2] \\ &= 0 + (3.5-1)(0.5493) + (3.5-1)(3.5-3)(-0.073475) \\ &= 1.28140625 \end{aligned}$$

괄호형식으로 Newton 보간다항식을 구하는 알고리즘은 다음과 같다.

알고리즘 5.2.2 Newton 보간다항식

% input : $x_i, f_i = f(x_i), n$

% output : N_n = Newton's interpolation polynomial (5.2.7)

1. [알고리즘 5.2.1]
2. $N_n = f_n$
3. for k=n-1,n-2,⋯,0 do
4. $\quad N_n = f_k + (x - x_k) \times N_n$

오차

어떤 함수를 보간다항식을 이용하여 근사시키는 경우 나머지항은 다음 정리에서 알 수 있다.

정리 5.2.1

$(n+1)$개의 점 $x_0, x_1, \cdots, x_n$은 구간 $[a,b]$에 있는 서로 다른 점이고, $f(x)$는 이 구간에서 $(n+1)$차 도함수까지가 연속이라고 하자. 이때 임의의

점 $a \le x \le b$에 대하여

$$f(x) = P_n(x) + E_n(x)$$

여기서 $P_n(x)$는 $f(x)$에 대한 n차 보간다항식

$$P_n(x) = \sum_{i=0}^{n} L_i(x) y_i$$

이고, $E_n(x)$는 오차항

$$E_n(x) = \frac{(x-x_0)(x-x_1)\cdots(x-x_n)}{(n+1)!} f^{(n+1)}(\xi)$$

이 성립한다. 여기서 ξ는 $x_0, x_1, \cdots, x_n, x$의 최솟값과 최댓값 사이에 있는 어떤 미지수이다.

이 성질을 이용하여 오차의 한계를 구할 수 있다. 그리고 보간다항식은 다른 수치방법을 유도할 때 널리 사용되므로 이 성질은 이론적으로도 중요하다.

5.3 Chebyshev 다항식

구간 $[-1,1]$에서 상이한 $(n+1)$개의 점

$$-1 \le x_0 < x_1 < \cdots < x_n \le 1 \tag{5.3.1}$$

에 대한 $f(x)$의 n차 보간다항식 $P_n(x)$를 생각해보자. Lagrange 보간다항식 또는 Newton 보간다항식에서 다음을 알 수 있다.

$$f(x) = P_n(x) + R_n(x)$$

여기서 $P_n(x)$는 Lagrange(또는 Newton) 보간다항식이고,

$$R_n(x) = w(x) \frac{f^{(n+1)}(\xi)}{(n+1)!} \tag{5.3.2}$$

$$w(x) = (x-x_0)(x-x_1)\cdots(x-x_n) \tag{5.3.3}$$

그리고 $w(x)$는 최고차항의 계수가 1인 $(n+1)$차 다항식이다.

여기서는 다음 관계식

$$|R_n(x)| \le |w(x)| \max_{-1\le x\le 1} \left| \frac{f^{(n+1)}(\xi)}{(n+1)!} \right| \tag{5.3.4}$$

을 사용하여 먼저

$$\max_{-1\le x\le 1} |w(x)| = \max_{-1\le x\le 1} |(x-x_0)(x-x_1)\cdots(x-x_n)| \tag{5.3.5}$$

을 최소화하는 결절점 $x_0, x_1, \cdots, x_n$ 을 선택하고, 이 점들로 보간다항식을 구하는 과정을 소개하고자 한다.

최대오차를 최소화시키는 결절점을 구하기 위해 먼저 Chebyshev 다항식과 그 성질을 살펴보자.

비음의 정수 n에 대하여 함수

$$T_n(x) = \cos(n\cos^{-1} x), \quad -1 \le x \le 1 \tag{5.3.6}$$

을 n차 Chebyshev 다항식이라고 부른다.

식 (5.3.6)에서

$$\theta = \cos^{-1}(x) \text{ 또는 } x = \cos(\theta), \quad 0 \le \theta \le \pi \tag{5.3.7}$$

로 두면 다음이 성립한다.

$$T_n(x) = \cos(n\theta) \tag{5.3.8}$$

이때 $T_0(x) = \cos(0\cdot\theta) = 1$ 이고, $T_1(x) = \cos(1\cdot\theta) = x$ 이다.

삼각함수의 성질

$$\cos(\alpha \pm \beta) = \cos(\alpha)\cos(\beta) \mp \sin(\alpha)\sin(\beta)$$

에 의하면, 임의의 $n \ge 1$에 대하여

$$T_{n+1}(x) = \cos[(n+1)\theta] = \cos(n\theta)\cos(\theta) - \sin(n\theta)\sin(\theta)$$
$$T_{n-1}(x) = \cos[(n-1)\theta] = \cos(n\theta)\cos(\theta) + \sin(n\theta)\sin(\theta)$$

가 된다. 이 두 식으로부터

$$T_{n+1}(x) + T_{n-1}(x) = 2\cos(n\theta)\cos(\theta)$$

을 얻고, θ와 x의 관계식으로부터

$$T_{n+1}(x) = 2xT_n(x) - T_{n-1}(x), \quad n \ge 1 \tag{5.3.9}$$

을 얻는다. 이를 삼항순환관계(triple recurrence relation)이라고 부른다. 다음 표 5.3.1은 8차까지의 다항식을 순환관계를 이용하여 구한 것이다.

표 5.3.1 Chebyshev 다항식

$T_0(x)=1$
$T_1(x)=x$
$T_2(x)=2x^2-1$
$T_3(x)=4x^3-3x$
$T_4(x)=8x^4-8x^2+1$
$T_5(x)=16x^5-20x^3+5x$
$T_6(x)=32x^6-48x^4+18x^2-1$
$T_7(x)=64x^7-112x^5+56x^3-7x$
$T_8(x)=128x^8-256x^6+160x^4-32x^2+1$

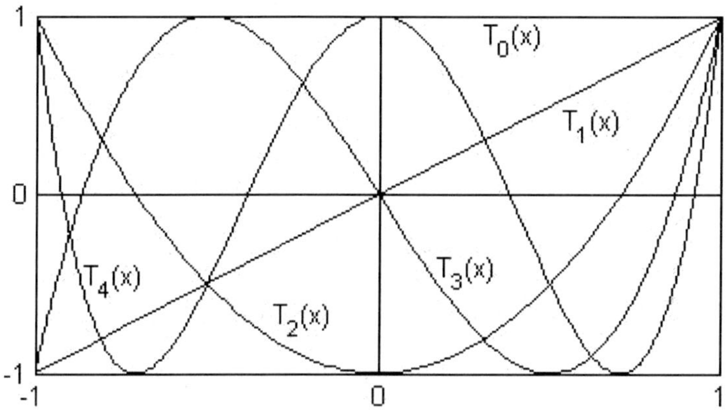

그림 5.3.1 Chebyshev 다항식 $T_n(x),\ n=0,1,2,3,4$

Chebyshev 다항식 $T_n(x)$ 는 다음과 같은 성질이 있다.

(1) 모든 $n \ge 0$ 에 대하여 $|T_n(x)| \le 1$, $(-1 \le x \le 1)$ 이다.

(2) $T_n(x)$ 의 최고차항 x^n 의 계수는 $2^{n-1}(n \ge 1)$ 이다.

(3) n 이 짝수이면, $T_n(x)$ 는 우함수(even function)이다. 즉,

$$T_n(-x)=T_n(x)$$

n 이 홀수이면, $T_n(x)$ 는 기함수(odd function)이다. 즉,

$$T_n(-x)=-T_n(x)$$

(4) $T_n(x)$은 구간 $[-1,1]$에서 n개의 서로 다른 근 x_i를 갖는다.

$$x_i \equiv \cos\left(\frac{2i+1}{2n}\pi\right), \quad i = 0,1,2,\cdots,n-1 \tag{5.3.10}$$

이 값 x_i를 Chebyshev 결절점이라고 부른다.

Chebyshev는 $R_n(x)$의 상한을 최소화하는 방법을 연구하였다. 그 상한은 구간 $[-1,1]$의 임의의 점 x에서 $|w(x)|$의 최댓값과 $|f^{(x+1)}(x)/(n+1)!|$의 최댓값의 곱으로 표현되고 $\max|w(x)|$를 최소화시키기 위해서는 $w(x) = T_{n+1}(x)/2^n$이 되도록 $x_0, x_1, \cdots, x_n$을 선택하면 된다는 사실을 찾았다.

정리 5.3.1

정수 $n \geq 1$이라고 하자. 최고차항의 계수가 1인 가능한 모든 $(n+1)$차 다항식 $w(x)$를 고려하자. 그러면 $\bar{T}(x) = T_{n+1}(x)/2^n$은 다음 성질을 만족하는 유일한 다항식이다.

$$\max_{-1\leq x\leq 1}\left|\bar{T}(x)\right| \leq \max_{-1\leq x\leq 1}\left|w(x)\right|$$

그리고 구간 $[-1,1]$에서 $\bar{T}(x)$의 최댓값은 $1/2^n$이다. 즉,

$$\max_{-1\leq x\leq 1}\left|\bar{T}(x)\right| = \frac{1}{2^n} \tag{5.3.11}$$

이 식에서 등식은 $\bar{T}(x) = w(x)$일 때만 성립한다.

이 정리 5.3.1로부터 다음을 알 수 있다. 구간 $[-1,1]$에서의 Lagrange 보간법 $f(x) = P_n(x) + R_n(x)$에 대하여 서로 다른 점 $x_0, x_1, \cdots, x_n$이 $T_{n+1}(x)$의 Chebyshev 결절점이면, 이 $(n+1)$개의 결절점으로 구한 Lagrange 보간다항식 $P_n(x)$의 오차한계 $\max|w(x)| \cdot \max|f^{(n+1)}(x)/(n+1)!|$는 최소가 된다는 것이다.

그리고 Chebyshev 다항식 $T_{n+1}(x)$의 근은 식 (5.3.10)으로부터 다음과 같다.

$$x_i \equiv \cos\left(\frac{2i+1}{2n+2}\pi\right), \quad i = 0,1,2,\cdots,n \tag{5.3.12}$$

그러면 Chebyshev 결절점 $x_i(i=0,1,2,\cdots,n)$ 와 $f(x_i)$ 를 통과하는 Newton (또는 Lagrange) 보간다항식을 구하면 된다.

이 다항식을 Chebyshev 근사다항식 또는 Lagrange-Chebyshev 근사다항식이라고 부르고, 이를 $C_n(x)$ 로 표기한다.

예제 5.3.1

구간 $[-1,1]$ 에서 $f(x)=e^x$ 에 대한 3차 Lagrange-Chebyshev 근사다항식 $C_3(x)$ 를 구해보자.

$n=3$ 이므로 Chebyshev 결절점 x_i 는 식 (5.3.12)로부터

$$x_0=\cos\left(\frac{2(0)+1}{2(3)+2}\pi\right)=\cos\left(\frac{1}{8}\pi\right)=0.92387953$$

$$x_1=\cos\left(\frac{3}{8}\pi\right)=0.38268343$$

$$x_2=\cos\left(\frac{5}{8}\pi\right)=-0.38268343$$

$$x_3=\cos\left(\frac{7}{8}\pi\right)=-0.92387953$$

이 되고, 구하면 다음과 같다. 보간다항식을 구하기 위하여 $f(x_i)=e^{x_i}$ 와 Newton 차분을 계산하면 다음 표와 같다.

i	x_i	$f(x_i)=y_i$	$f[,]$	$f[,,]$	$f[,,,]$
0	-0.92387953	0.39697597			
1	-0.38268343	0.68202877	0.52670890		
2	0.38268343	1.46621380	1.02458711	0.38105948	
3	0.92387953	2.51904417	1.94537686	0.70474196	0.17517569

그러면 3차 보간다항식을 계산하면

$$C_3(x)=0.99461532+0.99893323x+0.54290072x^2+0.17517569x^3$$

이 된다. 이것이 3차 Lagrange-Chebyshev 근사다항식이다.

그리고 구간 $[-1,1]$ 을 3등분한 경우의 보간다항식을 생각해보자. 먼저 결

절점 x_i 와 $f(x_i)$ 를 구한 다음, Newton의 차분을 구하면 다음과 같다.

i	x_i	$f(x_i)=e^{x_i}$	$f[,]$	$f[,,]$	$f[,,,]$
0	-1	0.36787944			
1	-1/3	0.71653131	0.52297780		
2	1/3	1.39561243	1.01862167	0.37173290	
3	1	2.71828183	1.98400411	0.72403682	0.17615196

위 값을 사용하여 3차 Newton 차분보간다항식을 구하면

$$P_3(x)=0.99519577+0.99904923x+0.54788486x^2+0.17615196x^3$$

이 된다.

등간격의 결절점으로 구한 보간다항식 $P_3(x)$ 와 Chebyshev 결절점으로 구한 보간다항식 $C_3(x)$ 를 비교하기 위하여 오차함수를 그래프로 나타낸 것이 그림 5.3.2이다. 오차 $|e^x-C_3(x)|$ 의 최댓값은 $x=1$ 에서 나타나며

$$|e^x-C_3(x)|\le 0.00665687,\quad -1\le x\le 1$$

이 되고, 오차 $|e^x-P_3(x)|$ 의 최댓값은 $x=0.75490129$ 에서 다음과 같다.

$$|e^x-P_3(x)|\le 0.00998481$$

$C_3(x)$ 에서의 최대오차는 $P_3(x)$ 에서의 최대오차보다 약 66.7%가 된다.

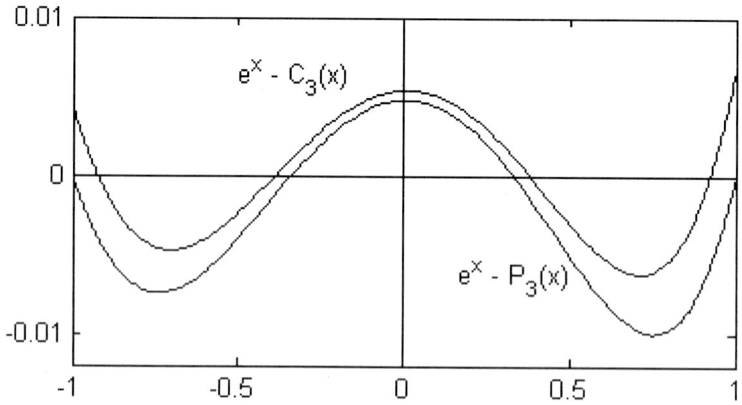

그림 5.3.2 $C_3(x)$ **와** $P_3(x)$ **의 오차(** $f(x)=e^x$ **)**

일반적으로 구간이 $[-1,1]$이 아닌 임의의 구간 $[a,b]$에서 Chebyshev 근사다항식을 구해야 하는 경우 변수변환을 하면 된다.

$$x = \frac{(b-a)t + a + b}{2} \quad \text{또는} \quad t = \frac{2(x-a)}{b-a} - 1$$

여기서 $a \le x \le b$ 이고 $-1 \le t \le 1$

구간 $[-1,1]$에서 $T_{n+1}(t)$의 Chebyshev 결절점은

$$t_i = \cos\left(\frac{2i+1}{2n+2}\pi\right), \quad i = 0, 1, \cdots, n$$

이므로 구간 $[a,b]$에서의 보간결절점은

$$x_i = \frac{(b-a)t_i + a + b}{2}, \quad i = 0, 1, \cdots, n$$

이 된다.

예제 5.3.2

구간 $[0,3]$에서 $f(x) = xe^x$ 이라고 하자. $n = 3$인 경우 Chebyshev 결절점과 등간격의 보간결절점을 사용한 보간다항식을 구하고, 오차를 비교해보자.

먼저 Chebyshev 결절점과 $f(x)$를 구하여 표로 정리하면 다음과 같다.

$t = \cos\left(\frac{2j+1}{2n+2}\pi\right)$	$x_i = \frac{(b-a)t_i + a + b}{2}$	$f(x_i) = x_i e^{x_i}$
$7\pi/8$	0.11418070	0.12799139
$5\pi/8$	0.92597485	2.33746416
$3\pi/8$	2.07402515	16.50257425
$\pi/8$	2.88581930	51.70880850

Newton의 차분을 구하면

$D_0 = 0.12799139$, $D_1 = 2.72171556$, $D_2 = 4.90686388$, $D_3 = 3.94208524$

이 된다. 그러면 3차 Lagrange-Chebyshev 근사다항식은 다음과 같다.

$$C_3(x) = -0.52841502 + 6.53889952x - 7.36950190x^2 + 3.94208524x^3$$

두 번째로 구간 $[0,3]$ 에서 등간격의 보간결절점 x_i 와 함수 $f(x_i) = x_i e^{x_i}$ 은 다음과 같다.

x	$f(x)$
0	0
1	2.71828183
2	14.77811220
3	60.25661077

이 자료로 Newton 차분을 구하면

$$D_0 = 0, D_1 = 2.71828183, D_2 = 4.67077427, D_3 = 4.01285328$$

이 된다.

그러면 3차 Newton 차분보간다항식은 다음과 같다.

$$P_3(x) = 6.07321411x - 7.36778566x^2 + 4.01285328x^3$$

두 가지 보간다항식 $C_3(x)$ 와 $P_3(x)$ 의 오차함수를 그래프로 나타낸 것이 그림 5.3.3이다. $P_3(x)$ 에서 최대오차는 $C_3(x)$ 에서의 최대오차보다 더 크다는 것을 알 수 있다

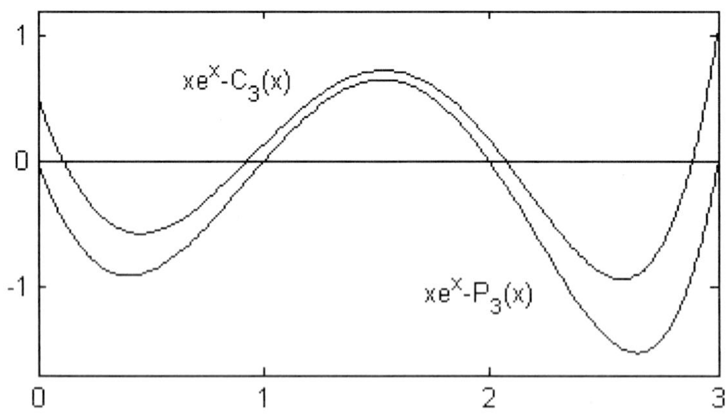

그림 5.3.3 $C_3(x)$ **와** $P_3(x)$ **의 오차(** $f(x_i) = x_i e^{x_i}$ **)**

다음 알고리즘은 Lagrange-Chebyshev 근사다항식을 나타내고 있다.

알고리즘 5.3.1 Lagrange-Chebyshev 근사다항식

```
% input  : a,b,n,f(x),x
% output : L_n = Chebyshev approximation polynomial
1.  for i=0,1,2,…,n  do
2.        t_i = cos((2i+1)/(2n+2)*π)
3.  for i=0,1,2,…,n  do
4.        x_i = ((b-a)t_i + a + b)/2
5.        y_i = f(x_i)
6.  [알고리즘 5.1.1]
```

연습문제

5-1 다음 자료에 대하여 아래 물음에 답하시오.

x	$\sqrt{x}$
1	1.0000
3	1.7321
5	2.2361

(1) $\sqrt{1.7}$ 을 계산하기 위한 선형보간다항식과 값을 구하시오.
(2) $\sqrt{1.7}$ 을 계산하기 위한 2차 보간다항식과 값을 구하시오.

5-2 다음 자료에 대하여 아래 물음에 답하시오.

x	e^x
0.90	2.4596
0.91	2.4843
0.92	2.5093

(1) $e^{0.913}$ 을 계산하기 위한 선형보간다항식과 값을 구하시오.
(2) $e^{0.913}$ 을 계산하기 위한 2차 보간다항식과 값을 구하시오.

5-3 다음 자료에 대하여 아래 물음에 답하시오.

x	$\ln(x)$
5.0	1.6094
5.1	1.6292
5.2	1.6487

(1) ln(5.08) 계산을 위한 선형보간다항식과 값을 구하시오.

(2) ln(5.08) 계산을 위한 2차 보간다항식과 값을 구하시오.

5-4 세 점 $(x_0, y_0), (x_1, y_1), (x_2, y_2)$ 가 다음과 같다.

$$x_0 < x_1 < x_2, \quad x_1 - x_0 = x_2 - x_1, \quad x_0 < x < x_2$$

2차 보간다항식은 다음과 같음을 보이시오.

$$P_2(x) = P_1(x) + \frac{1}{2}\mu(\mu - 1)[(y_2 - y_1) - (y_1 - y_0)]$$

여기서 $P_1(x) = y_0 + \mu(y_1 - y_0)$, $\mu = (x - x_0)/(x_1 - x_0)$.

5-5 다음 2차 함수 $P_2(x)$ 가 보간다항식임이 되는 것을 보이시오.

$$P_2(x) = f(x_0) + (x - x_0)f[x_0, x_1] + (x - x_0)(x - x_1)f[x_0, x_1, x_2].$$

5-6 다음 함수에 대하여 아래 물음에 답하시오.

$$f(x) = x + \frac{2}{x}$$

(1) $x_0 = 0.5, x_1 = 1.0, x_2 = 1.5, x_3 = 2.0$ 가 주어질 때 $f(x_i)$ 를 계산한 다음, 표 5.2.2와 같은 차분을 구하시오.

(2) 식 (5.2.5)를 사용하여 3차 보간다항식 $P_3(x)$ 를 구하시오.

(3) $x = 1.4$ 때의 값을 3차 보간다항식 $P_3(1.4)$ 로 계산하시오.

(4) 위 값 $P_3(1.4)$ 를 구하는 프로그램을 작성하시오.

5-7 다음 함수에 대하여 아래 물음에 답하시오.

$$f(x) = x + \frac{3}{x}$$

(1) $x_0 = 0.5, x_1 = 1.0, x_2 = 1.5, x_3 = 2.0$ 가 주어질 때 3차 보간다항식을 구하고, $P_3(0.8), P_3(1.4), P_3(1.9)$ 를 계산하시오.

(2) $x_0 = 0.5, x_1 = 1.0, x_2 = 1.5, x_3 = 2.0, x_4 = 2.5$ 가 주어질 때 4차 보간다항식을 구하고, $P_4(0.8), P_4(1.4), P_4(1.9)$ 를 계산하시오.

5-8 다음 함수에 대하여 아래 물음에 답하시오.

$$f(x) = x^x$$

(1) $x_0 = 0.5, x_1 = 1.0, x_2 = 1.5, x_3 = 2.0$ 가 주어질 때 3차 보간다항식을 구하고, $P_3(0.8), P_3(1.4), P_3(1.9)$ 를 계산하시오.

(2) $x_0 = 0.5, x_1 = 1.0, x_2 = 1.5, x_3 = 2.0, x_4 = 2.5$ 가 주어질 때 4차 보간다항식을 구하고, $P_4(0.8), P_4(1.4), P_4(1.9)$ 를 계산하시오.

(3) 위 문제를 해결하는 프로그램을 작성한 다음, 그 값을 구하시오.

5-9 Chebyshev 결절점인 식 (5.3.10)을 방정식 $T_n(x) = 0$ 을 이용하여 구하시오.

5-10 구간 $[-1,1]$ 에서 $f(x) = \ln(x+2)$ 에 대한 3차 보간다항식을 다음 순서로 구하시오.

(1) Chebyshev 결절점을 구하고, 그 점에서의 $f(x)$ 를 계산하시오.

(2) Newton 차분을 구하시오.

(3) 보간다항식공식을 이용하여 Lagrange−Chebyshev 근사다항식을 구하시오.

5-11 구간 $[-1,1]$ 에서 $f(x) = \ln(x+2)$ 에 대한 3차 보간다항식을 다음 순서로 구하시오.

(1) 구간 $[-1,1]$ 은 3등분한 결절점 $-1, -1/3, 1/3, 1$ 에서 $f(x)$ 를 구하시오.

(2) Newton의 차분을 구하시오.

(3) Newton 차분보간다항식을 구하시오.

제6장

수치적분

이 장에서 다루는 주요 내용은 다음과 같다.

- ○ 중간점 법칙
- ○ 사다리꼴 법칙
- ○ Simpson 법칙
- ○ Gauss 수치적분

6.1 중간점 법칙

여기서는 해석학적 방법으로 적분하기가 매우 어렵거나 불가능한 함수를 수치해석적으로 적분하는 방법을 소개하고자 한다. 정적분

$$I(f) = \int_a^b f(x)dx \tag{6.1.1}$$

를 계산하는 일반적인 방법은 다음 식을 사용한다.

$$\int_a^b f(x)dx = F(x)\Big|_a^b = F(b) - F(a)$$

이때 역도함수를 구할 수 없거나 구하기가 어려운 경우가 자주 발생한다. 적분을 근사적으로 구하는 기본적인 방법을 수치적분이라고 부르며, 구간 $[a,b]$에서 적분의 근삿값 $\hat{I}(f)$로 다음과 같은 형태를 사용한다.

$$\hat{I}(f) = \sum_{i=1}^{n} w_i f(x_i) \tag{6.1.2}$$

기본적으로는 적분의 근삿값을 구하기 위하여 구간 $[a,b]$ 에서 피적분함수(integrand) $f(x)$ 대신에 다항식을 이용하고 있다. 적분의 근삿값 계산에서 피적분함수의 근사다항식으로 중간점 법칙(midpoint rule)에서는 상수함수를, 사다리꼴(trapezoidal rule) 법칙에서는 1차 보간다항식을, Simpson 법칙(Simpson's rule)에서는 2차 보간다항식을 사용한다.

여기서는 적분구간 $[a,b]$ 의 중간점 $c=(a+b)/2$ 에서의 함숫값인 상수함수 $f(c)$ 를 피적분함수로 사용하고자 한다. 그러면 근사함수 $\hat{f}(x)=f(c)$ 를 사용하여 적분 $I(f)$ 의 근삿값을 구하면 다음과 같다.

$$\hat{I}(f) = \int_a^b f(c)dx = f(c)x\Big|_a^b = (b-a)f(c) \tag{6.1.3}$$

이 적분의 근삿값은 그림 6.1.1에서 직사각형의 면적이다.

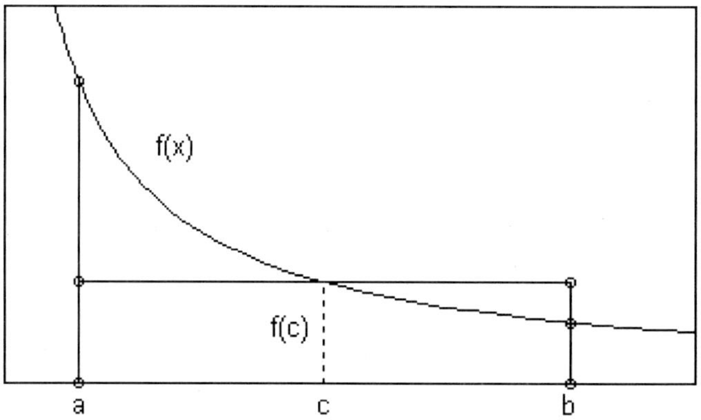

그림 6.1.1 중간점 법칙

예제 6.1.1

다음 적분의 근삿값을 중간점 법칙으로 구해보자.

$$I(f) = \int_1^2 \frac{1}{x} dx$$

이 적분의 참값은 다음과 같다.

$$I(f) = \int_1^2 \frac{1}{x}dx = \ln(x)\Big|_1^2 = \ln(2) - \ln(1) = 0.69314718$$

적분에서 주어진 값은

$$a = 1,\ b = 2,\ f(x) = \frac{1}{x}$$

이므로 중간점과 함수는 다음과 같다.

$$c = \frac{(a+b)}{2} = \frac{3}{2},\ f(c) = \frac{2}{3}$$

근사공식으로부터 적분의 근삿값을 M_1으로 두면, 그 값은 다음과 같다.

$$M_1 = (b-a)f(c) = 1 \cdot \frac{2}{3} \doteq 0.666\dot{7}$$

이 적분의 근삿값의 오차는 다음과 같다.

$$\text{오차} = \ln(2) - \frac{2}{3} \doteq 0.0264805$$

위 적분 계산에서 오차를 줄이는 간단한 방법은 적분구간을 2등분한 다음, 각각의 소구간에 중간점 법칙을 적용하는 것이다.

예제 6.1.2 (계속)

위 적분에서 적분구간 $[1,2]$을 2등분하여 각각의 소구간에서 중간점 법칙을 적용해보자.

$$I(f) = \int_1^2 \frac{1}{x}dx = \int_1^{1.5} \frac{1}{x}dx + \int_{1.5}^2 \frac{1}{x}dx$$

소구간 $[1,1.5]$의 중간점은 1.25이고, 소구간 $[1.5,2]$의 중간점은 1.75이다. 그리고 각 소구간에서의 중간점의 함숫값은

$$f(1.25) = \frac{1}{1.25} = \frac{4}{5} = 0.8$$

$$f(1.75) = \frac{1}{1.75} = \frac{4}{7} = 0.571428571$$

이고, 소구간의 길이는 0.5이다. 따라서 적분의 근삿값 M_2와 그 오차는 각각 다음과 같다.

$$M_2 = (0.5)\left(\frac{4}{5}\right) + (0.5)\left(\frac{4}{7}\right) = \frac{24}{35} = 0.685714285$$

$$\text{오차} = \ln 2 - \frac{24}{35} = 0.007432894\ .$$

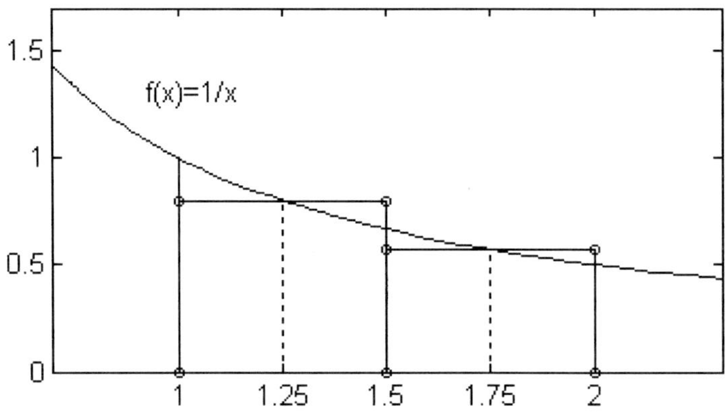

그림 6.1.2 중간점 법칙($f(x) = 1/x, n = 2$ **)**

일반적으로 구간 $[a,b]$를 n등분하여 계산하는 방법을 살펴보자.

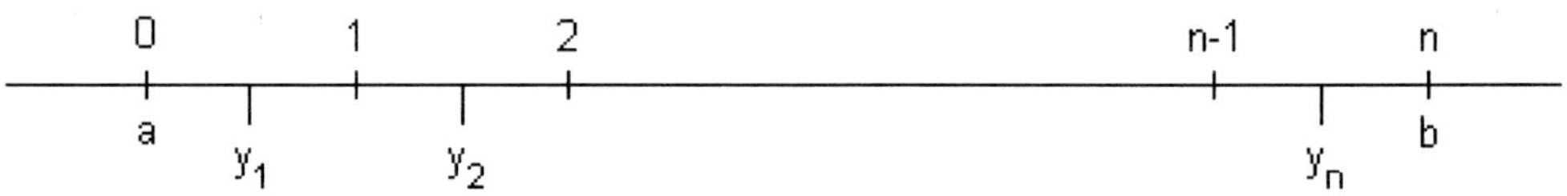

n개의 소구간의 길이는 $h = (b-a)/n$이다. 각각의 소구간에서 중간점은

$$y_1 = a + \frac{1}{2}h,\ y_2 = a + \frac{3}{2}h, \cdots, y_n = a + \frac{2n-1}{2}h$$

가 되므로 결절점은

$$y_j = a + \left(j - \frac{1}{2}\right)h,\ \ j = 1, 2, \cdots, n \tag{6.1.4}$$

이 된다.

그러므로 구간 $[a,b]$에서의 적분은 다음과 같은 n개 소구간에서의 적분의 합이 된다.

$$I(f)=\int_a^b f(x)dx=\int_{y_1-\frac{h}{2}}^{y_1+\frac{h}{2}} f(x)dx+\int_{y_2-\frac{h}{2}}^{y_2+\frac{h}{2}} f(x)dx+\cdots+\int_{y_n-\frac{h}{2}}^{y_n+\frac{h}{2}} f(x)dx$$

적분의 근삿값은 $M_n(f)$은 각각의 소구간에서 중간점 법칙을 적용하여 구한 근삿값의 합으로 나타낸다.

$$\begin{aligned}M_n(f)\equiv\hat{I}(f)&=\int_{y_1-\frac{h}{2}}^{y_1+\frac{h}{2}} f(y_1)dx+\int_{y_2-\frac{h}{2}}^{y_2+\frac{h}{2}} f(y_2)dx+\cdots+\int_{y_n-\frac{h}{2}}^{y_n+\frac{h}{2}} f(y_n)dx=\sum_{j=1}^{n}\int_{y_j-\frac{h}{2}}^{y_j+\frac{h}{2}} f(y_j)dx\\&=\sum_{j=1}^{n} f(y_j)x\Big|_{y_j-h/2}^{y_j+h/2}=f(y_1)h+f(y_2)h+\cdots+f(y_n)h\qquad(6.1.5)\\&=h\sum_{j=1}^{n} f(y_j)\end{aligned}$$

이를 중간점 법칙이라고 부른다.

다음 알고리즘은 중간점 법칙을 나타내고 있다.

알고리즘 6.1.1 중간점 법칙

```
% input  : a,b,f(x),n
% output : M_n = midpoint rule (6.1.5)
    h=(b-a)/n
    for j=1,2,…,n  do
        y_j = a+(j-0.5)×h
    s=0
    for j=1,2,…,n  do
        s=s+f(y_j)
    Mn=h×s
```

예제 6.1.3 (계속)

다음 적분의 근삿값을 중간점 법칙으로 구해보자.

$$I(f)=\int_1^2 \frac{1}{x}dx$$

$n=2,4,8,16,32,64$ 인 경우 근삿값, 오차, 그 전오차와의 비는 아래 표와 같다.

n	M_n	오차	오차비율
2	6.8571e-1	7.4329e-3	
4	6.9122e-1	1.9273e-3	0.2593
8	6.9266e-1	4.8663e-4	0.2525
16	6.9303e-1	1.2197e-4	0.2506
32	6.9312e-1	3.0511e-5	0.2502
64	6.9314e-1	7.6290e-6	0.2500

n 이 증가하면 오차는 줄어들며, n 이 2배가 되면 오차는 약 1/4배 정도 감소하고 있는 것을 알 수 있다.

6.2 사다리꼴 법칙

여기서는 식 (6.1.1)의 적분을 구하기 위하여 피적분함수 $f(x)$ 대신에 선형보간다항식 $P_1(x)$ 를 사용하는 방법을 살펴본다. 선형보간법으로 구간 $[a,b]$ 에서 피적분함수 $f(x)$ 의 근사다항식으로 점 $(a,f(a))$, $(b,f(b))$ 을 통과하는 1차 보간다항식 $P_1(x)$ 를 구하면 다음과 같다.

$$P_1(x)=\frac{(b-x)f(a)+(x-a)f(b)}{b-a}$$

그러면 근사다항식 $P_1(x)$ 를 사용하여 적분 $I(f)$ 의 근삿값을 다음과 같이 구할 수 있다.

$$\hat{I}(f) = \int_a^b P_1(x)dx = (b-a)\left[\frac{f(a)+f(b)}{2}\right] \tag{6.2.1}$$

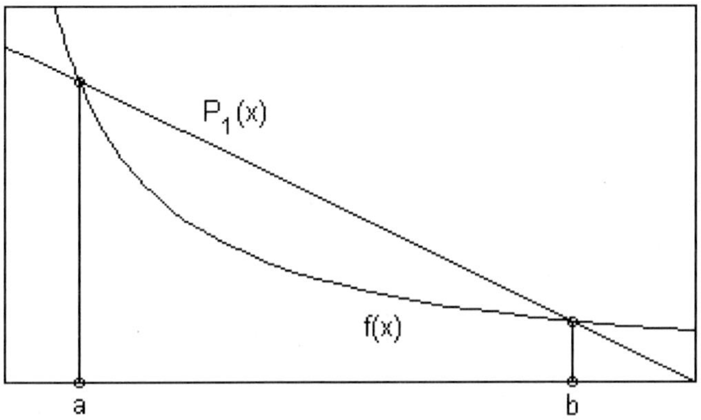

그림 6.2.1 사다리꼴 법칙

이 적분의 근삿값은 그림 6.2.1에서 사다리꼴의 영역이다. 만약 피적분함수 $f(x)$가 $[a,b]$에서 거의 선형함수이면, $\hat{I}(f)$은 적분의 정확한 근삿값이 된다.

예제 6.2.1

다음 적분의 근삿값을 사다리꼴법칙으로 구해보자.

$$I(f) = \int_1^2 \frac{1}{x}dx$$

이 적분의 값은 0.69314718이다. 사다리꼴법칙으로 근삿값을 구하기 위한 값은 다음과 같다.

$$a=1, \quad b=2, \quad f(x)=\frac{1}{x}$$

$$f(a)=1, \quad f(b)=0.5, \; b-a=1$$

근사공식으로부터 적분의 근삿값을 T_1으로 두면, 그 값은 다음과 같다.

$$T_1 = \hat{I}(f) = (b-a)\left[\frac{f(a)+f(b)}{2}\right] = \frac{1+0.5}{2} = 0.75$$

그리고 이 적분의 근삿값의 오차는 다음과 같다.

$$\text{오차} = 0.6931 - 0.75 = -0.0568528$$

구간 $[a,b]$에서 $f(x)$가 1차 함수가 아닌 경우 구간을 여러 개의 소구간을 나눈 다음, 각각의 소구간에서 사다리꼴 법칙을 적용하면 보다 정확한 근삿값을 구할 수 있다.

예제 6.2.2

위 적분에서 적분구간을 2등분하여 각각의 소구간에서 사다리꼴 법칙을 적용해보자.

$$I(f) = \int_1^2 \frac{1}{x}dx = \int_1^{1.5} \frac{1}{x}dx + \int_{1.5}^2 \frac{1}{x}dx$$

이 경우 구간 $[1,2] = [1,1.5] \cup [1.5,2]$이므로 적분의 근삿값 T_2와 그 오차는 다음과 같게 된다.

$$T_2 = \hat{I}(f) = (1.5-1)\frac{1+1/1.5}{2} + (2-1.5)\frac{1/1.5+1/2}{2} = \frac{17}{24} \doteq 0.708\dot{3}$$

$$\text{오차} = \ln 2 - \frac{17}{24} \approx -0.0151862$$

적분구간을 2등분한 경우에서의 오차는 전 구간에서의 오차 -0.0568528와 비교할 만 하다.

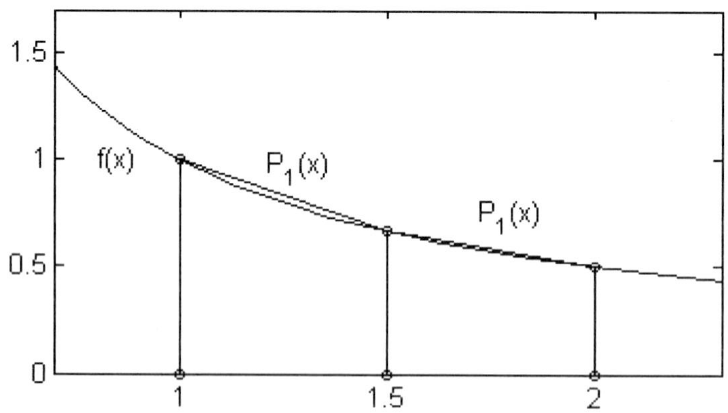

그림 6.2.2 사다리꼴 법칙($f(x)=1/x, n=2$)

일반적으로 구간 $[a,b]$를 n등분하여 계산하는 방법을 살펴보자.

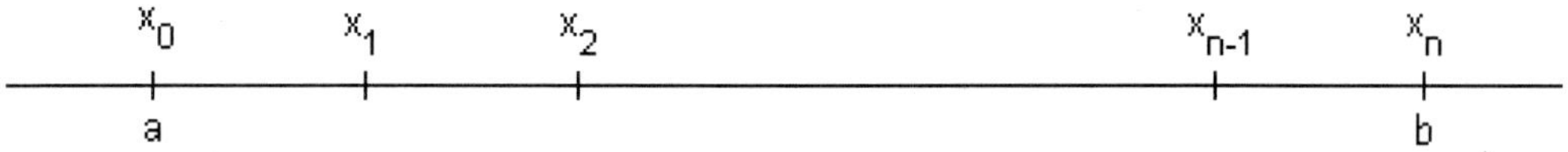

n개의 소구간의 길이는 $h=(b-a)/n$이 된다. 개별 구간의 끝점은

$$x_0=a,\ x_1=a+h,\ x_2=a+2h,\cdots,x_{n-1}=a+(n-1)h,\ x_n=b$$

가 되므로

$$x_j=a+jh,\ j=0,1,2,\cdots,n \tag{6.2.2}$$

으로 표기할 수 있으며, 이를 결절점이라고 부른다. 구간 $[a,b]$에서의 적분은 n개 소구간에서 적분의 합이 된다.

$$I(f)=\int_a^b f(x)dx=\int_{x_0}^{x_1} f(x)dx+\int_{x_1}^{x_2} f(x)dx+\cdots+\int_{x_{n-1}}^{x_n} f(x)dx==\sum_{j=1}^{n}\int_{x_{j-1}}^{x_j} f(x)dx$$

적분의 근삿값 $T_n(f)$은 각각의 소구간에서 사다리꼴 법칙을 적용하여 구한 근삿값의 합으로 나타낸다. 이 경우 각 소구간의 길이는 h이다.

$$T_n(f)=\hat{I}(f)=h\left[\frac{f(x_0)+f(x_1)}{2}\right]+h\left[\frac{f(x_1)+f(x_2)}{2}\right]+\cdots+h\left[\frac{f(x_{n-1})+f(x_n)}{2}\right]$$

$$=h\left[\frac{1}{2}f(x_0)+\sum_{j=1}^{n-1}f(x_j)+\frac{1}{2}f(x_n)\right] \tag{6.2.3}$$

이것을 사다리꼴 법칙이라고 부른다.

예제 6.2.3 (계속)

위 적분에서 n등분한 적분구간의 수가 $n=2,4,8,16,32,64$인 경우 근삿값, 오차, 그 전오차와의 비를 구하면, 그 결과는 다음 표와 같다.

n이 증가하면 오차가 줄어드는데 n이 2배 될 때마다 오차는 약 1/4배 정도 감소하고 있음을 알 수 있다.

n	T_n	오차	오차비율
2	7.0833e-1	-1.5186e-2	
4	6.9702e-1	-3.8766e-3	0.2525
8	6.9412e-1	-9.7467e-4	0.2514
16	6.9339e-1	-2.4402e-4	0.2504
32	6.9321e-1	-6.1028e-5	0.2501
64	6.9316e-1	-1.5258e-5	0.2500

다음 알고리즘 6.2.1은 사다리꼴 법칙을 나타내고 있다.

알고리즘 6.2.1 사다리꼴 법칙

```
% input  : a,b,f(x),n
% output : T_n = trapezoidal rule (6.2.3)
    h = (b - a) / n
    for j=0,1,2,…,n  do
        x_j = a + j × h
    s = 0
    for j=1,2,…,n-1  do
        s = s + f(x_j)
    T_n = h × ( s + (f(x_0) + f(x_n)) / 2 )
```

6.3 Simpson 법칙

사다리꼴 법칙에서는 적분 $I(f)$ 의 근삿값을 구하기 위하여 피적분함수의 근사함수로 1차 보간다항식 $P_1(x)$ 를 사용하였다. 만약 2차 보간다항식 $P_2(x)$를 적용하면 보다 정확한 적분값을 구할 수 있을 것이다.

구간 $[a,b]$ 위의 점 a, $c=(a+b)/2$, b 에서 $f(x)$를 보간하는 2차 보간다항식 $P_2(x)$를 구하면 다음과 같다.

$$P_2(x) = \frac{(x-c)(x-b)}{(a-c)(a-b)} f(a) + \frac{(x-a)(x-b)}{(c-a)(c-b)} f(c) + \frac{(x-a)(x-c)}{(b-a)(b-c)} f(b) \qquad (6.3.1)$$

그러면 $f(x)$ 의 근사함수로 보간다항식 $P_2(x)$ 를 적용하여 적분 $I(f)$ 의 근삿값을 구할 수 있다. $h=(b-a)/2$ 를 사용하여 구한 값은 다음과 같다.

$$\hat{I}(f) = \int_a^b P_2(x)dx = \frac{h}{3}[f(a) + 4f(c) + f(b)] \qquad (6.3.2)$$

이 적분의 근삿값은 그림 6.3.1에서 2차 보간다항식의 아래의 영역이다.

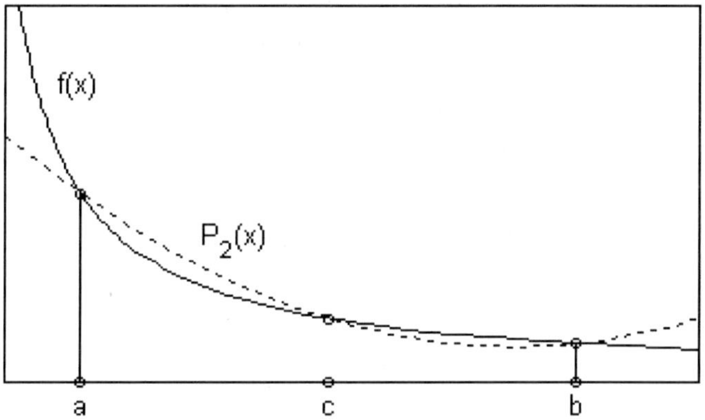

그림 6.3.1 Simpson 법칙

만약 피적분함수 $f(x)$ 가 $[a,b]$ 에서 거의 2차 함수이면, $\hat{I}(f)$ 은 적분 $I(f)$ 의 정확한 근삿값이 될 것이다.

2차 보간다항식은 다음과 같은 2차 방정식으로 표현하는 것이 가능하다.

$$P_2(x) = \alpha x^2 + \beta x + \gamma \qquad (6.3.3)$$

그리고 a,c,b 로 각각 $-h, 0, h$ 로 두고, $f(a), f(c), f(b)$ 를 각각 y_0, y_1, y_2 로 두자. 그러면 구간 $[a,b]$ 에서의 적분은 $[-h,h]$ 에서의 적분과 같으므로 적분의 근삿값을 다음과 같이 나타낸다.

$$\hat{I}(f) = \int_a^b P_2(x)dx = \int_{-h}^{h} (\alpha x^2 + \beta x + \gamma)dx = \frac{\alpha}{3}x^3 + \frac{\beta}{2}x^2 + \gamma x \Big|_{-h}^{h}$$

$$= \frac{h}{3}(2\alpha h^2 + 6\gamma) \qquad (6.3.4)$$

2차 방정식은 세 점 $(-h, y_0), (0, y_1), (h, y_2)$을 보간하므로

$$y_0 = \alpha(-h^2) + \beta(-h) + r = \alpha h^2 - \beta h + \gamma$$
$$y_1 = \alpha(0)^2 + \beta(0) + r = \gamma$$
$$y_2 = \alpha(h^2) + \beta(h) + r = \alpha h^2 + \beta h + \gamma$$

가 된다.

위 연립방정식으로부터 2차 방정식의 계수 α, β, γ를 구할 수 있다. 위 연립방정식의 첫 번째 식과 세 번째 식에서 두 번째 식을 빼면

$$y_0 - y_1 = \alpha h^2 - \beta h$$
$$y_2 - y_1 = \alpha h^2 + \beta h$$

가 되고, 이 두 식을 더하면 다음과 같다.

$$2\alpha h^2 = y_0 - 2y_1 + y_2$$

이 값을 식 (6.3.4)에 대립하면, $\hat{I}(f)$는 h, y_0, y_1, y_2로 표현할 수 있다.

$$\begin{aligned}\hat{I}(f) &= \frac{h}{3}(2\alpha h^3 + 6\gamma) = \frac{h}{3}[(y_0 - 2y_1 + y_2) + 6y_1] \\ &= \frac{h}{3}(y_0 + 4y_1 + y_2)\end{aligned}$$

즉, 적분의 근삿값은 다음이 된다.

$$\hat{I}(f) = \frac{h}{3}[f(a) + 4f(c) + f(b)] \tag{6.3.5}$$

예제 6.3.1

Simpson 법칙을 사용하여 다음 적분의 근삿값을 구해보자.

$$I(f) = \int_1^2 \frac{1}{x} dx$$

적분의 근삿값을 구하기 위한 값은

$$a = 1,\ b = 2,\ f(x) = \frac{1}{x}$$

이므로

$$c = \frac{a+b}{2} = \frac{3}{2},\ h = \frac{b-a}{2} = \frac{1}{2}$$

$$f(a)=1,\ f(c)=\frac{2}{3},\ f(b)=\frac{1}{2}$$

가 된다.

근사공식으로부터 구한 적분의 근삿값 S_2는 다음과 같다.

$$S_2=\hat{I}(f)=\frac{h}{3}[f(a)+4f(c)+f(b)]=\frac{1/2}{3}\left[1+4\frac{2}{3}+\frac{1}{2}\right]=\frac{25}{36}$$
$$\doteq 0.694\dot{4}$$

이 근삿값의 오차는 다음과 같다.

$$\text{오차}=\ln 2-\frac{25}{36}=-0.00129726$$

T_2와 S_2의 함수연산횟수가 동일하므로 T_2와 S_2를 비교하기 위해서 T_2의 오차와 S_2의 오차를 사용한다. T_2의 오차보다 S_2의 오차가 약 11.7배정도 작은 것으로 나타났으므로 S_2가 보다 더 정확하다고 할 수 있다.

일반적으로 짝수인 n에 대하여 구간 $[a,b]$를 n등분하여 계산하는 방법을 알아보자. 이 경우 소구간의 간격과 결절점은 사다리꼴 법칙에서 기술한 것처럼 각각 다음과 같다.

$$h=\frac{b-a}{n}$$

$$x_j=a+jh,\quad j=0,1,\cdots,n$$

따라서 $[a,b]$에서의 적분은 다음과 같은 적분의 합이 된다.

$$I(f)=\int_a^b f(x)dx=\int_{x_0}^{x_2} f(x)dx+\int_{x_2}^{x_4} f(x)dx+\cdots+\int_{x_{n-2}}^{x_n} f(x)dx=\sum_{j=2(2)n}\int_{x_j-2}^{x_j} f(x)dx$$

각각의 소구간에 Simpson 법칙을 적용하여 구한 적분의 근삿값 $S_n(f)$는 다음과 같다.

$$S_n(f)=\frac{h}{3}[f(x_0)+4f(x_1)+f(x_2)]+\frac{h}{3}[f(x_2)+4f(x_3)+f(x_4)]$$
$$+\cdots+\frac{h}{3}[f(x_{n-2})+4f(x_{n-1})+f(x_n)]$$

$$= \frac{h}{3}\left[f(x_0) + 4 \sum_{j=1(2)(n-1)} f(x_j) + 2 \sum_{j=2(2)(n-2)} f(x_j) + f(x_n) \right] \qquad (6.3.6)$$

이것을 Simpson 법칙이라고 부른다.

예제 6.3.2 (계속)

위 적분에서 n 등분한 적분구간의 수가 $n = 2,4,6,8,16,32,64$ 인 경우 근삿값, 오차, 그 전 오차와의 비율을 구하면, 그 결과는 아래 표와 같다.

n	S_n	오차	오차비율
2	6.9444e-1	-1.2973e-3	
4	6.9325e-1	-1.0679e-4	0.0823
8	6.9315e-1	-7.3501e-6	0.0688
16	6.9315e-1	-4.7226e-7	0.0643
32	6.9315e-1	-2.9730e-8	0.0630
64	6.9315e-1	-1.8615e-9	0.0626

n 이 증가하면 오차가 줄어드는데 그 오차의 감소비율은 약 16 에 근접하고 있음을 알 수 있다.

다음 알고리즘 6.3.1은 Simpson 법칙을 나타내고 있다.

알고리즘 6.3.1 Simpson 법칙

```
% input  : a,b,f(x),n
% output : S_n = Simpson's rule (6.3.6)
h = (b - a) / n
for j=0,1,2,…,n  do
      x_j = a + j × h
 s1 = 0
 for j=1,3,5,…,n-1  do
```

```
        s1 = s1 + f(x_j)
    s2 = 0
    for j=2,4,6,…,n-2 do
        s2 = s2 + f(x_j)
    Sn = h×[f(x_0) + 4×s1 + 2×s2 + f(x_n)]/3
```

6.4 Gauss 수치적분

지금까지 설명한 적분과 적분의 근사공식의 형태는

$$I(f)=\int_a^b f(x)dx\,,\quad \hat{I}(f)=\sum_{j=1}^{n} w_j f(x_j)$$

이며, 함수 $f(x)$ 의 가중합으로 표현된다. 사다리꼴법칙, 심프슨 법칙에서 사용한 결절점 x_i 는 등간격이다. 만약 사다리꼴 법칙에서 등간격의 양 끝점 x_i 대신에 다른 두 점을 사용한 보간함수를 사용한다면, 보다 정확한 근삿값을 구할 수도 있다.

Gauss 수치적분법은 매우 정확한 근삿값을 구하는 x_i 를 선택하는 것이다. 먼저 적분구간 $[-1,1]$ 에서의 Gauss 수치적분을 살펴보자.

$$I(f)=\int_{-1}^{1} f(x)dx \tag{6.4.1}$$

이때 Gauss 수치적분공식은 다음과 같다.

$$I_n(f)=w_1 f(x_1)+w_2 f(x_2)+\cdots+w_n f(x_n)=\sum_{j=1}^{n} w_j f(x_j) \tag{6.4.2}$$

여기서 가중값 $w_1, w_2, \cdots, w_n$ 과 결절점 $x_1, x_2, \cdots, x_n$ 은 가능한 고차의 모든 다항식 $f(x)$ 에 대하여 $I_n(f)=I(f)$ 가 되도록 선택한다.

예를 들어, $n=2$ 인 경우 적분공식 $I_2(f)$ 는 다음의 형태이다.

$$I_2(f)=w_1 f(x_1)+w_2 f(x_2) \tag{6.4.3}$$

고차의 모든 다항식에 대하여 가중합 $I_2(f)=I(f)$ 가 되도록 가중값 w_1, w_2

와 결절점 x_1, x_2 를 선택하고자 한다. 위 식은 4개의 변수(parameter) w_1, w_2, x_1, x_2 를 가지며, 식 (6.4.2)가 3차 다항식에 대해서도 정확하도록 결절점을 구하려고 한다.

$$f(x) = 1, x, x^2, x^3 \tag{6.4.4}$$

를 피적분함수 $f(x)$ 로 선택하면 다음이 유도된다.

$$\int_{-1}^{1} 1dx = 2 = w_1 + w_2$$

$$\int_{-1}^{1} xdx = 0 = w_1x_1 + w_2x_2$$

$$\int_{-1}^{1} x^2dx = \frac{2}{3} = w_1x_1^{\ 2} + w_2x_2^{\ 2}$$

$$\int_{-1}^{1} x^3dx = 0 = w_1x_1^{\ 3} + w_2x_2^{\ 3}$$

이 연립방정식에는 4개의 미지수가 있으므로 해를 구할 수 있으며, 그 결과는 다음과 같다.

$$w_1 = w_2 = 1, \quad x_1 = -\frac{1}{\sqrt{3}}, \quad x_2 = \frac{1}{\sqrt{3}} \tag{6.4.5}$$

그러므로 적분의 근사공식은 다음과 같다.

$$I_2(f) = f\left(-\frac{1}{\sqrt{3}}\right) + f\left(\frac{1}{\sqrt{3}}\right) \tag{6.4.6}$$

이것을 2점 Gauss-Legendre 법칙이라고 부른다.

위 Gauss공식은 식 (6.6.4)에 대해서도 정확하고, 3차 이하의 모든 다항식에 대해서도 정확하다.

예제 6.4.1

다음 적분을 Gauss 수치적분법으로 구해보자.

$$I(f) = \int_{-1}^{1} e^x dx$$

이 적분의 참값은 2.350402387 이다.

$n=2$ 인 경우 적분공식 $I_2(f)$ 는 식 (6.4.6)이므로 적분값과 오차는 각각 다음과 같다.

$$I_2 = f\left(-\frac{1}{\sqrt{3}}\right) + f\left(\frac{1}{\sqrt{3}}\right) = e^{-\frac{1}{\sqrt{3}}} + e^{\frac{1}{\sqrt{3}}} = 2.342696088$$

$$\text{오차} = I(f) - I_2 = 0.007706299$$

일반적으로 n점 Gauss-Legendre 법칙은 $(2n-1)$ 차 이하의 모든 다항식에 대해서도 정확하며, 수치적분공식은

$$I_n(f) = \sum_{j=1}^{n} w_j f(x_j)$$

이다. 가중값 w_j 와 결절점 x_j 은 표 6.4.1에 주어져 있다.

만약 구간 $[a,b]$ 에서 적분

$$I(f) = \int_a^b f(t)dt$$

는 아래의 변수변환을 사용하면

$$x = \frac{2}{b-a}\left(t - \frac{a+b}{2}\right), \quad t = \frac{(b-a)x+a+b}{2} \tag{6.4.7}$$

구간 $[-1,1]$ 에서의 적분으로 변형된다.

$$I(f) = \frac{b-a}{2}\int_{-1}^{1} f\left(\frac{(b-a)x+a+b}{2}\right)dx \tag{6.4.8}$$

그러면 Gauss 수치적분은 다음과 같게 된다.

$$I_n = \frac{b-a}{2}\sum_{j=1}^{n} w_j f\left(t_j\right), \; t_j = \frac{(b-a)x_j+a+b}{2} \tag{6.4.9}$$

예제 6.4.2

Gauss 수치적분으로 아래 적분값을 구해보자.

$$I(f) = \int_0^2 \frac{1}{\sqrt{2\pi}} e^{-\frac{t^2}{2}} dt$$

표 6.4.1 Gauss-Legendre 법칙의 가중값과 결절점

n	결절점(x_i)	가중값(w_i)		결절점(x_i)	가중값(w_i)
3	±.7745966692	.5555555556	20	±.9931285992	.01761400714
	.0	.8888888889		±.9639719273	.04060142980
4	±.8611363116	.3478548451		±.9122344283	.06267204833
	±.3399810436	.6521451549		±.8391169718	.08327674158
5	±.9061798459	.2369268851		±.7463319065	.1019301198
	±.5384693101	.4786286705		±.6360536807	.1181945320
	.0	.5688888889		±.5108670020	.1316886384
6	±.9324695142	.1713244924		±.3737060887	.1420961093
	±.6612093865	.3607615730		±.2277858511	.1491729865
	±.2386191861	.4679139346		±.07652652113	.1527533871
7	±.9491079123	.1294849662	40	±.9982377097	.004521277099
	±.7415311856	.2797053915		±.9907262387	.01049828453
	±.4058451514	.3818300505		±.9772599500	.01642105838
	.0	.4179591837		±.9579168192	.02224584919
8	±.9602898565	.1012285363		±.9328128083	.02793700698
	±.7966664774	.2223810345		±.9020988070	.03346019528
	±.5255324099	.3137066459		±.8659595032	.03878216797
	±.1834346425	.3626837834		±.8246122308	.04387090819
9	±.9681602395	.08127438836		±.7783056514	.04869580764
	±.8360311073	.1806481607		±.7273182552	.05322784698
	±.6133714327	.2606106964		±.6719566846	.05743976910
	±.3242534234	.3123470770		±.6125538897	.06130624249
	.0	.3302393550		±.5494671251	.06480401346
10	±.9739065285	.06667134431		±.4830758017	.06791204582
	±.8650633667	.1494513492		±.4137792044	.07061164739
	±.6794095683	.2190863625		±.3419940908	.07288658240
	±.4333953941	.2692667193		±.2681521850	.07472316906
	±.1488743390	.2955242247		±.1926975807	.07611036190
				±.1160840707	.07703981816
				±.03877241751	.07750594798

이 적분에서

$$a=0,\ b=2,\ f(t)=\frac{1}{\sqrt{2\pi}}e^{-\frac{t^2}{2}}$$

이고 $n=2$ 로 주어진다. 위 적분을 구간 $[-1,1]$ 에서의 적분으로 수정하기 위하여 변수변환

$$t=\frac{(b-a)x+a+b}{2}$$

하면, 적분은 다음과 같다.

$$I(f)=\frac{b-a}{2}\int_{-1}^{1}f\left(\frac{(b-a)x+a+b}{2}\right)dx=\int_{-1}^{1}f(x+1)dx$$

따라서 Gauss 수치적분공식은 다음과 같다.

$$\begin{aligned}I_2&=\frac{b-a}{2}\sum_{j=1}^{2}w_j f\left(\frac{(b-a)x_j+a+b}{2}\right)\\&=\frac{2-0}{2}\sum_{j=1}^{2}w_j f(t_j)=\sum_{j=1}^{2}w_j f(t_j)\end{aligned}$$

여기서

$$t_j=\frac{(b-a)x_j+a+b}{2}=\frac{(2-0)x_j+0+2}{2}=x_j+1,\quad j=1,2\ .$$

w_j	x_j	$t_j=[(b-a)x_j+a+b]/2=x_j+1$
1	$-1/\sqrt{3}$	$1-1/\sqrt{3}$
1	$1/\sqrt{3}$	$1+1/\sqrt{3}$

$n=2$ 인 경우의 가중값과 결절점을 사용하여 Gauss 수치적분값을 구하면 다음과 같다.

$$\begin{aligned}I_2&=1\cdot\frac{1}{\sqrt{2\pi}}\exp\left[-\frac{1}{2}\left(1-\frac{1}{\sqrt{3}}\right)^2\right]+1\cdot\frac{1}{\sqrt{2\pi}}\exp\left[-\frac{1}{2}\left(1+\frac{1}{\sqrt{3}}\right)^2\right]\\&=0.479839906\end{aligned}$$

다음 알고리즘 6.4.1은 Gauss 수치적분을 나타내고 있다.

알고리즘 6.4.1 Gauss 수치적분(f(x), [a,b])

% input : $a, b, w_j, x_j, f(x), n$

% output : G_n = Gauss quadrature (6.4.9)

1. $s = 0$
2. for j=1,2,⋯,n do
3. $\quad t_j = [(b-a)x_j + a + b]/2$
4. $\quad s = s + w_j f(t_j)$
5. $Gn = s \times (b-a)/2$

연습문제

6-1 예제 6.1.1에 있는 적분을 중간점 법칙으로 계산하시오.

(1) $n=4$

(2) $n=6$

(3) $n=8$

(4) 위 값을 계산하는 프로그램을 작성하시오.

6-2 예제 6.2.1에 있는 적분을 사다리꼴 법칙으로 계산하시오.

(1) $n=4$

(2) $n=6$

(3) $n=8$

(4) 위 값을 계산하는 프로그램을 작성하시오.

6-3 예제 6.3.1에 있는 적분을 Simpson 법칙으로 계산하시오.

(1) $n=4$

(2) $n=6$

(3) $n=8$

(4) 위 값을 계산하는 프로그램을 작성하시오.

6-4 예제 6.4.1에 있는 적분을 Gauss-Legendre 법칙으로 계산하시오.

(1) $n=4$

(2) $n=6$

(3) $n=8$

(4) 위 값을 계산하는 프로그램을 작성하시오.

6-5 다음 적분을 사다리꼴 법칙으로 계산하시오.

$$\int_0^1 e^{-x^2} dx \doteq 0.74682413281243$$

(1) $n=4$

(2) $n=6$

(3) $n=8$

6-6 X가 표준정규분포를 따르면 확률밀도함수 $f(x)$는 다음과 같다.

$$f(x) = \frac{1}{\sqrt{2\pi}} e^{-\frac{x^2}{2}}, \quad -\infty < x < \infty$$

다음 확률을 n-점 Gauss-Legendre 법칙으로 계산하시오.

$$P(-1 < X < 1) = \int_{-1}^{1} f(x) dx$$

(1) $n=4$

(2) $n=6$

(3) $n=8$

6-7 X가 평균이 10, 표준편차가 3인 정규분포를 따른다고 하자. 다음 확률을 n-점 Gauss-Legendre 법칙으로 계산하시오.

(1) $P(7 < X < 13), \quad n=4$

(2) $P(7 < X < 13), \quad n=8$

(3) $P(7 < X < 16), \quad n=4$

(4) $P(7 < X < 16), \quad n=8$

힌트. $X \sim N(\mu, \sigma^2)$일 때 확률밀도함수 $f(x)$는

$f(x) = \frac{1}{\sqrt{2\pi}\sigma} e^{-\frac{(x-\mu)^2}{2}}, \ -\infty < x < \infty$이고, 확률 $P(a < X < b) = \int_a^b f(x) dx$이다.

제7장

곡선적합

이 장에서 다루는 주요 내용은 다음과 같다.

- ○ 최소제곱법과 회귀모형
- ○ Spline 함수

7.1 최소제곱법과 회귀모형

여기서는 주어진 자료집합을 가장 잘 적합시키는 함수를 찾는 방법인 최소제곱법(least square method)을 소개하고, 여러 가지 회귀방정식을 구하는 방법을 알아보고자 한다. n개의 자료집합 $(x_1, y_1), (x_2, y_2), \cdots, (x_n, y_n)$이 있다고 하자. Lagrange 보간법이나 Spline 함수에서는 주어진 점들을 정확하게 통과하는 함수를 구한다. 일반적으로 통계자료에서는 오차를 고려하기 때문에 주어진 점들을 정확하게 지나는 함수보다 잘 적합하는 함수를 고려한다.

선형회귀모형

독립변수 x와 종속변수 y사이에 선형관계가 있다고 가정하자 그러면 x

와 y 사이에 존재하는 관계는 선형식

$$f(x) = a + bx \tag{7.1.1}$$

로 표현할 수 있다. y 에는 측정오차가 있으므로 x 와 y 의 관계를 다음과 같은 모형으로 표현한다.

$$y_i = f(x_i) + \varepsilon = a + bx_i + \varepsilon_i, \quad i = 1, 2, \cdots, n \tag{7.1.2}$$

여기서 ε은 측정오차이다.

주어진 점들을 가장 잘 적합시키는 최상의 근사함수를 찾고자 한다. 식 (7.1.2)에서 오차는

$$\varepsilon_i = y_i - a - bx_i \tag{7.1.3}$$

이고, 오차제곱합(error sum of squares)은

$$S = \sum_{i=1}^{n} \varepsilon_i^2 = \sum_{i=1}^{n} (y_i - a - bx_i)^2 \tag{7.1.4}$$

이다. 최소제곱법은 오차제곱합을 최소화시키는 a 와 b 를 구하여 식 (7.1.1)의 근사함수를 얻는 것이다.

a와 b를 구하기 위해서는 먼저 오차제곱합 S를 a와 b로 편미분한다.

$$\frac{\partial}{\partial a} S = -2\sum_{i=1}^{n} (y_i - a - bx_i)$$

$$\frac{\partial}{\partial b} S = -2\sum_{i=1}^{n} x_i (y_i - a - bx_i)$$

편미분한 값을 0으로 두고 풀면, 식 (7.1.4)가 최소가 되는 a와 b를 얻는다.

$$\begin{aligned} na + b\sum x_i &= \sum y_i \\ a\sum x_i + b\sum x_i^2 &= \sum x_i y_i \end{aligned} \tag{7.1.5}$$

이 식을 정규방정식(normal equation)이라고 부른다. 그리고 식 (7.1.5)를 행렬로 표현하면 다음과 같다.

$$\begin{bmatrix} n & \sum x_i \\ \sum x_i & \sum x_i^2 \end{bmatrix} \begin{bmatrix} a \\ b \end{bmatrix} = \begin{bmatrix} \sum y_i \\ \sum x_i y_i \end{bmatrix} \tag{7.1.6}$$

이 연립방정식을 Gauss 소거법으로 풀어서 a와 b를 구하면 된다. 또한 a와 b를 정리한 다음 식을 사용하여 구할 수도 있다.

$$a = \frac{\sum y_i}{n} - b\frac{\sum x_i}{n} = \overline{y} - b\overline{x} \tag{7.1.7}$$

$$b = \frac{\sum x_i y_i - \frac{(\sum x_i)(\sum y_i)}{n}}{\sum x_i^2 - \frac{(\sum x_i)^2}{n}} = \frac{\sum(x_i - \overline{x})(y_i - \overline{y})}{\sum(x_i - \overline{x})^2}$$

그러면 최소제곱법으로 구한 근사함수는

$$P_1(x) \equiv \hat{y} = a + bx \tag{7.1.8}$$

가 된다. 이 근사함수를 적합된 회귀직선(fitted regression line)이라고 부른다.

예제 7.1.1

다음 자료가 주어졌다고 하자. 최소제곱법을 사용하여 적합된 회귀직선을 구해보자.

x	1	0	2	0	3	1	3	1	2	0
y	16	9	17	10	22	13	23	15	19	11

먼저 $\sum x_i$, $\sum x_i^2$, $\sum y_i$, $\sum x_i y_i$ 을 구하면 다음과 같다.

$$\sum x_i = 13,\ \sum x_i^2 = 29,\ \sum y_i = 155,\ \sum x_i y = 251$$

그러면 정규방정식은

$$10a + 13b = 155$$

$$13a + 29b = 251$$

이 되므로 위 연립선형방정식을 풀거나 식 (7.1.7)로부터

$$b = 4.0909,\ a = 10.1818$$

가 된다.

따라서 적합된 회귀직선은

$$P(x) \equiv \hat{y} = 10.1818 + 4.0909x$$

이 된다. 이때 $P(x)$ 에 의한 오차제곱합은

$$S=\sum_{i=1}^{10}(y_i-10.1818-4.0909x_i)^2=10$$

이다. 그림 7.1.1은 적합된 회귀직선과 주어진 자료를 표시한 그래프이다.

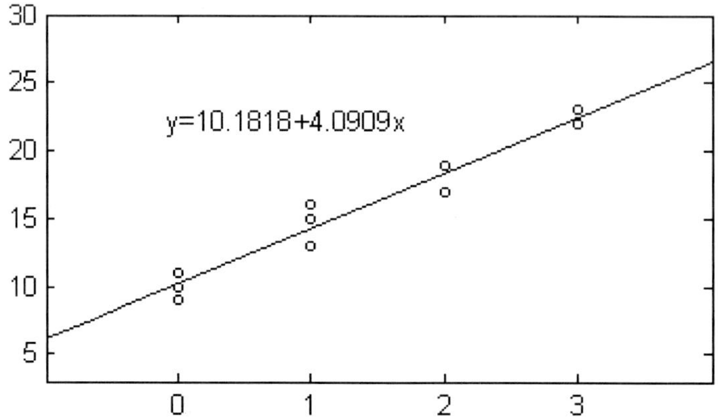

그림 7.1.1 그래프($P(x)\equiv\hat{y}=10.1818+4.0909x$ **)**

비선형모형의 선형변환

n개의 자료집합 $(x_1,y_1),(x_2,y_2),\cdots,(x_n,y_n)$이 주어진 경우 x와 y사이에 선형관계가 적절하지 않는 경우도 많이 있다. 비선형모형의 경우 최소제곱법으로 계수를 구하는 것이 용이하지가 않고 사용에도 문제점이 적지 않다. 비선형함수 가운데 적절한 변환을 하면 선형식으로 바꿀 수 있는 것도 다수 있다. 이렇게 선형식으로 바꾸면 다루기가 쉬워진다. 예를 들어, x와 y사이에 다음과 같은 함수관계가 있다고 하자.

$$f(x)=ae^{bx} \qquad (7.1.9)$$

양변에 자연대수를 취하면 선형함수

$$\ln(f(x))=\ln(a)+bx \qquad (7.1.10)$$

이 된다. 그러면 식 (7.1.9)는 아래의 선형모형으로 변환된다.

$$Y=A+bx+\varepsilon \qquad (7.1.11)$$

여기서 $Y=\ln(y)$, $A=\ln(a)$ 이다.

이것은 식 (7.1.2)와 같으므로 자료 (x_i, y_i)를 변환하여 $(x_i, Y_i)=(x_i, \ln(y_i))$를 만든 다음, 최소제곱법으로 A 와 b 의 추정값을 구하게 된다. 그리고 $A=\ln(a)$ 이므로 $a=e^A$ 로 계산한다.

예제 7.1.2

다음 자료가 주어졌다고 하자. 최소제곱법으로 $f(x)=ae^{bx}$ 의 계수를 추정해보자.

x	3	4	5	6	7
y	6.823	11.084	18.247	30.128	49.675

적합시킬 함수는

$$f(x)=ae^{bx}$$

또는 변형된 선형모형은

$$Y=A+bx+\varepsilon$$

이다. 여기서 $Y=\ln(y)$, $A=\ln(a)$ 이다. 그러면 정규방정식은 다음과 같다.

$$5A+\ b\sum x_i=\sum Y_i$$
$$A\sum x_i+b\sum x_i^2=\sum x_iY_i$$

i	x_i	y_i	$Y_i=\ln(y_i)$	x_i^2	x_iY_i
1	3	6.823	1.9203	9	5.7609
2	4	11.084	2.4055	16	9.6220
3	5	18.247	2.9040	25	14.5200
4	6	30.128	3.4055	36	20.4327
5	7	49.675	3.9055	49	27.3385
합	25		14.5408	135	77.6741

위 자료로 구한 정규방정식은

$$5A + 25b = 14.5408$$
$$25A + 135b = 77.6741$$

이 되고, A와 b는 각각

$$A = 0.42296,\ \ b = 0.49704$$

가 된다. $A = \ln(a)$이므로 $a = e^A = e^{0.42296} = 1.52647$이다. 따라서 최소제곱법으로 적합시킨 곡선은 다음과 같다.

$$P(x) = \hat{y} = 1.52647e^{0.49704x}$$

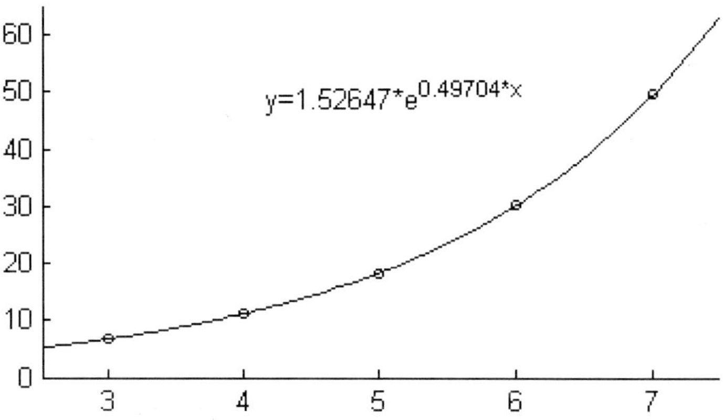

그림 7.1.2 그래프($P(x) = \hat{y} = 1.52647e^{0.49704x}$ **)**

중회귀모형

일반적으로 자연 또는 사회 현상에서는 두 개 이상의 독립변수가 종속변수에 영향을 준다. 잘 선택된 독립변수를 여러 개 사용하여 종속변수를 설명한다면 정도가 높아질 것이다.

종속변수 y와 k개의 독립변수 $x_1, x_2, \cdots, x_k$ 사이에 다음과 같은 선형관계가 있다고 하자.

$$y_i = b_0 + b_1 x_{1i} + b_2 x_{2i} + \cdots + b_k x_{ki} + \varepsilon_i,\ \ i = 1, 2, \cdots, n \qquad (7.1.12)$$

미지의 계수 $b_0, b_1, b_2, \cdots, b_k$를 최소제곱법으로 구해보자. 오차제곱합을 S라

하면

$$S=\sum_{i=1}^{n}\varepsilon_i^{\,2}=\sum_{i=1}^{n}(y_i-b_0-b_1x_{1i}-b_2x_{2i}-\cdots-b_kx_{ki})^2 \qquad (7.1.13)$$

이 된다. 각각의 $b_i(i=0,1,2,\cdots,k)$ 에 대하여 편미분하여 0 으로 두면 정규방정식은 다음과 같다.

$$\begin{aligned} nb_0+\ b_1\Sigma x_{1i}+\ \ b_2\Sigma x_{2i}+\ \cdots\ +b_k\Sigma x_{ki}&=\Sigma y_i\\ b_0\Sigma x_{1i}+b_1\Sigma x_{1i}^{\ 2}+b_2\Sigma x_{1i}x_{2i}+\cdots+b_k\Sigma x_{1i}x_{ki}&=\Sigma x_{1i}y_i\\ b_0\Sigma x_{2i}+b_1\Sigma x_{2i}x_{1i}+b_2\Sigma x_{2i}^{\ 2}+\cdots+b_k\Sigma x_{2i}x_{ki}&=\Sigma x_{2i}y_i\\ &\ \ \vdots\\ b_0\Sigma x_{ki}+b_1\Sigma x_{ki}x_{1i}+b_2\Sigma x_{ki}x_{2i}+\cdots+b_k\Sigma x_{ki}^{\ 2}&=\Sigma x_{ki}y_i \end{aligned} \qquad (7.1.14)$$

이 식을 행렬로 나타내면 다음과 같다.

$$Ab=d \qquad (7.1.15)$$

여기서

$$A=\begin{bmatrix} n & \Sigma x_{1i} & \Sigma x_{2i} & \cdots & \Sigma x_{ki}\\ \Sigma x_{1i} & \Sigma x_{1i}^{\ 2} & \Sigma x_{1i}x_{2i} & \cdots & \Sigma x_{1i}x_{ki}\\ \Sigma x_{2i} & \Sigma x_{2i}x_{1i} & \Sigma x_{2i}^{\ 2} & \cdots & \Sigma x_{2i}x_{ki}\\ \vdots & \vdots & \vdots & \ddots & \vdots\\ \Sigma x_{ki} & \Sigma x_{ki}x_{1i} & \Sigma x_{ki}x_{2i} & \cdots & \Sigma x_{ki}^{\ 2} \end{bmatrix}$$

$$b=\begin{bmatrix} b_0\\ b_1\\ b_2\\ \vdots\\ b_k \end{bmatrix},\quad d=\begin{bmatrix} \Sigma y_i\\ \Sigma x_{1i}y_i\\ \Sigma x_{2i}y_i\\ \vdots\\ \Sigma x_{ki}y_i \end{bmatrix}$$

이다. 미지의 계수 b_i 는 연립선형방정식의 해에서 다룬 Gauss 소거법을 사용하여 구하면 될 것이다.

예제 7.1.3

다음 자료에 대하여 중선형회귀모형 $y_i=b_0+b_1x_{1i}+b_2x_{2i}+\varepsilon_i$ 이 옳다고 가정하고 최소제곱법으로 b_0, b_1, b_2 를 구하고 적합된 회귀방정식을 구해보자.

x_1	7	5	16	3	21	8
x_2	33	41	7	49	5	31
y	42	33	75	28	91	40

먼저 식 (7.1.15)의 A, b, d를 구하면 다음과 같다

$$A = \begin{bmatrix} n & \sum x_{1i} & \sum x_{2i} \\ \sum x_{1i} & \sum x_{1i}^2 & \sum x_{1i}x_{2i} \\ \sum x_{2i} & \sum x_{2i}x_{1i} & \sum x_{2i}^2 \end{bmatrix} = \begin{bmatrix} 6 & 60 & 166 \\ 60 & 844 & 1048 \\ 166 & 1048 & 6206 \end{bmatrix}$$

$$b = \begin{bmatrix} b_0 \\ b_1 \\ b_2 \end{bmatrix}, \quad d = \begin{bmatrix} \sum y_i \\ \sum x_{1i}y_i \\ \sum x_{2i}y_i \end{bmatrix} = \begin{bmatrix} 309 \\ 3974 \\ 6331 \end{bmatrix}$$

연립선형방정식 $Ab = d$의 해를 Gauss 소거법으로 구하면

$$b = \begin{bmatrix} 15.7784 \\ 3.5988 \\ -0.009629 \end{bmatrix}$$

이 된다. 따라서 적합된 회귀방정식은

$$P(x) \equiv \hat{y} = 15.7784 + 3.5988x_1 - 0.009629x_2$$

가 되고, $P(x)$에 의한 오차제곱합은 26.804이다.

그리고 y와 x_i의 관계식 (7.1.12)를 벡터를 사용하여 나타내면

$$y_i = \begin{bmatrix} 1 & x_{1i} & x_{2i} & \cdots & x_{ki} \end{bmatrix} \begin{bmatrix} b_0 \\ b_0 \\ b_0 \\ \vdots \\ b_k \end{bmatrix} + \varepsilon$$

이 된다. n개의 자료를 하나로 묶어서 행렬로 표시하면

$$\begin{bmatrix} y_1 \\ y_2 \\ \vdots \\ y_n \end{bmatrix} = \begin{bmatrix} 1 & x_{11} & x_{21} & \cdots & x_{k1} \\ 1 & x_{12} & x_{22} & \cdots & x_{k2} \\ \vdots & \vdots & \vdots & \ddots & \vdots \\ 1 & x_{1n} & x_{2n} & \cdots & x_{kn} \end{bmatrix} \begin{bmatrix} b_0 \\ b_1 \\ \vdots \\ b_k \end{bmatrix} + \begin{bmatrix} \varepsilon_1 \\ \varepsilon_2 \\ \vdots \\ \varepsilon_n \end{bmatrix}$$

이 되고, 이것을 간략하게 다음과 같이 나타낸다.

$$y = Xb + \varepsilon \tag{7.1.16}$$

여기서 y 와 ε 은 $n \times 1$ 벡터이고, X 는 $n \times (k+1)$ 행렬이고, b 는 $(k+1) \times 1$ 벡터가 된다. 오차제곱합 S 는

$$\begin{aligned} S &= \sum_{i=1}^{n} \varepsilon_i^{\,2} = \varepsilon' \varepsilon = (y - Xb)^T (y - Xb) \\ &= y^T y - 2b^T X^T y + b^T X^T Xb \end{aligned}$$

가 되고, 이 식을 b 에 대하여 미분하고 0 으로 두면, 다음의 정규방정식을 얻는다.

$$X^T Xb = X^T y \tag{7.1.17}$$

만약 $X^T X$ 의 역행렬이 존재한다면, 위 식의 양변에 $(X^T X)^{-1}$ 를 곱하여 b 를 얻게 된다.

$$b = (X^T X)^{-1} X^T y \tag{7.1.18}$$

마지막으로 두 가지 표현방법에서 다음이 성립한다. $X^T X = A,\ X^T y = d$.

예제 7.1.4 (계속)

식 (7.1.16)을 사용하여 적합된 회귀방정식을 구해보자. 이때 행렬은 다음과 같다.

$$y = \begin{bmatrix} 42 \\ 33 \\ 75 \\ 28 \\ 91 \\ 40 \end{bmatrix}, \quad X = \begin{bmatrix} 1 & 7 & 33 \\ 1 & 5 & 41 \\ 1 & 16 & 7 \\ 1 & 3 & 49 \\ 1 & 21 & 5 \\ 1 & 8 & 31 \end{bmatrix}, \quad b = \begin{bmatrix} b_0 \\ b_1 \\ b_2 \end{bmatrix}$$

따라서 $X^T X$ 와 $X^T y$ 는

$$X^T X = \begin{bmatrix} 6 & 60 & 166 \\ 60 & 844 & 1048 \\ 166 & 1048 & 6206 \end{bmatrix}, \quad X^T y = \begin{bmatrix} 309 \\ 3974 \\ 6331 \end{bmatrix}$$

이고, $(X^T X)^{-1}$ 를 Gauss-Jordan 소거법으로 구하면

$$(X^TX)^{-1} = \begin{bmatrix} 36.10417 & -1.73033 & -0.67353 \\ & 0.084426 & 0.032026 \\ \text{대칭} & & 0.012769 \end{bmatrix}$$

이 되므로 b는 다음과 같다.

$$b = (X^TX)^{-1}X^Ty = \begin{bmatrix} 15.7788 \\ 3.5988 \\ -0.009629 \end{bmatrix}$$

따라서 최소제곱법에 의하여 적합된 중선형회귀방정식은

$$P(x) \equiv \hat{y} = 15.7784 + 3.5988x_1 - 0.009629x_2$$

가 된다.

다항회귀모형

독립변수 x와 종속변수 y사이에 직선의 관계가 있는 것으로 사료되는 경우 선형회귀모형을 사용하였다. 만약 그림 7.1.3에서와 같이 x와 y사이에 비선형 관계가 있는 것으로 보이는 경우 선형회귀모형은 적당하지가 않고 아래와 같은 2차 다항회귀모형이 타당할 것이다.

$$y_i = b_0 + b_1x_i + b_2x_i^2 + \varepsilon_i, \quad i = 1, 2, \cdots, n \tag{7.1.19}$$

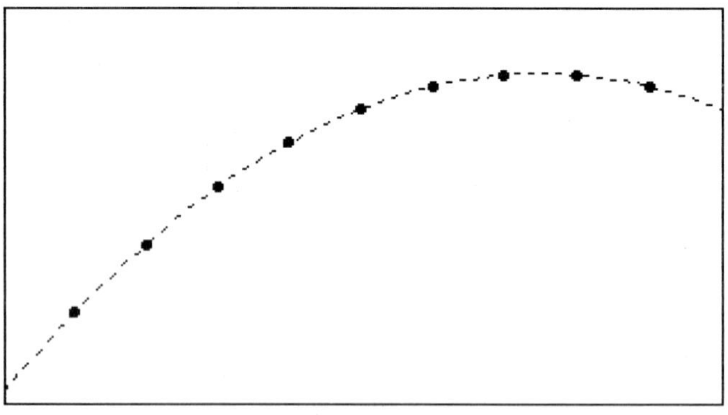

그림 7.1.3 x와 y 사이의 관계

위 식은 $x_i = x_{1i}$, $x_i^2 = x_{2i}$로 두면

$$y_i = b_0 + b_1 x_{1i} + b_2 x_{2i} + \varepsilon_i\ ,\quad i = 1, 2, \cdots, n$$

이 되므로 중회귀모형에서 사용한 방법을 그대로 적용하면 된다. 그리고 위 식을 행렬로 나타내면 다음과 같다.

$$Ab = d \tag{7.1.20}$$

여기서

$$A = \begin{bmatrix} n & \sum x_i & \sum x_i^2 \\ \sum x_i & \sum x_i^2 & \sum x_i^3 \\ \sum x_i^2 & \sum x_i^3 & \sum x_i^4 \end{bmatrix},\quad b = \begin{bmatrix} b_0 \\ b_1 \\ b_2 \end{bmatrix},\quad d = \begin{bmatrix} \sum y_i \\ \sum x_i y_i \\ \sum x_i^2 y_i \end{bmatrix}$$

이제 연립선형방정식 $Ab = d$를 풀어서 b를 구하면 된다.

또한 다항회귀모형인 식 (7.1.19)을 행렬로 사용하여 표현할 수 있으며 다음과 같다.

$$y = Xb + \varepsilon$$

여기서

$$y = \begin{bmatrix} y_1 \\ y_2 \\ \vdots \\ y_n \end{bmatrix},\quad X = \begin{bmatrix} 1 & x_1 & x_1^2 \\ 1 & x_2 & x_2^2 \\ \vdots & \vdots & \vdots \\ 1 & x_n & x_n^2 \end{bmatrix},\quad b = \begin{bmatrix} b_0 \\ b_1 \\ b_2 \end{bmatrix}$$

이다. 그러면 최소제곱추정값 b는 다음과 같다.

$$b = (X^T X)^{-1} X^T y$$

그리고 두 표현법 사이에 다음의 관계가 있다. $A = X^T X,\ d = X^T y$.

예제 7.1.5

다음 자료에 대하여 2차 다항회귀모형 $y_i = b_0 + b_1 x + b_2 x^2 + \varepsilon$ 을 적합시켜보자.

x	35	35	40	40	45	45	50	50	55	55	60	60
y	21	20	29	31	37	38	38	39	35	37	28	30

먼저 모형을 $Ab=d$로 놓고, A, b, d를 구하면 다음과 같다.

$$A=\begin{bmatrix} n & \sum x_i & \sum x_i^2 \\ \sum x_i & \sum x_i^2 & \sum x_i^3 \\ \sum x_i^2 & \sum x_i^3 & \sum x_i^4 \end{bmatrix}=\begin{bmatrix} 12 & 570 & 27950 \\ 570 & 27950 & 1410750 \\ 27950 & 1410750 & 73043750 \end{bmatrix}$$

$$b=\begin{bmatrix} b_0 \\ b_1 \\ b_2 \end{bmatrix},\quad d=\begin{bmatrix} \sum y_i \\ \sum x_i y_i \\ \sum x_i^2 y_i \end{bmatrix}=\begin{bmatrix} 383 \\ 18500 \\ 917200 \end{bmatrix}$$

연립선형방정식 $Ab=d$의 해를 구하면

$$b=\begin{bmatrix} -175.8179 \\ 8.6639 \\ -0.08750 \end{bmatrix}$$

가 되므로 적합된 2차 다항회귀방정식은

$$P(x)\equiv\hat{y}=-175.8179+8.6639x-0.08750x^2$$

이 된다. 이것을 그래프로 나타낸 것이 그림 7.1.4이다. 그리고 $P(x)$에 의한 오차제곱합은 9.561이다.

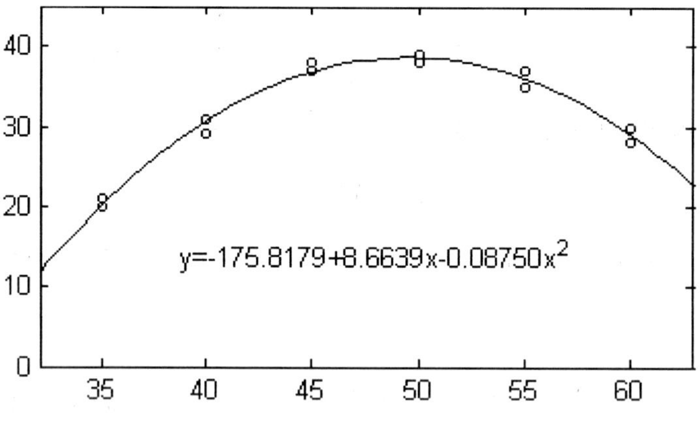

그림 7.1.4 그래프($P(x)=\hat{y}=1.52647e^{0.49704x}$ **)**

또한 회귀 계수 b를 $b=(X^T X)^{-1} X^T y$로 구할 수도 있다. 이 경우 X와 y는 다음과 같다.

$$X = \begin{bmatrix} 1 & x_1 & x_1^{\ 2} \\ 1 & x_2 & x_2^{\ 2} \\ 1 & x_3 & x_3^{\ 2} \\ 1 & x_4 & x_4^{\ 2} \\ 1 & x_5 & x_5^{\ 2} \\ 1 & x_6 & x_6^{\ 2} \\ 1 & x_7 & x_7^{\ 2} \\ 1 & x_8 & x_8^{\ 2} \\ 1 & x_9 & x_9^{\ 2} \\ 1 & x_{10} & x_{10}^{\ 2} \\ 1 & x_{11} & x_{11}^{\ 2} \\ 1 & x_{12} & x_{12}^{\ 2} \end{bmatrix} = \begin{bmatrix} 1 & 35 & 1225 \\ 1 & 35 & 1225 \\ 1 & 40 & 1600 \\ 1 & 40 & 1600 \\ 1 & 45 & 2025 \\ 1 & 45 & 2025 \\ 1 & 50 & 2500 \\ 1 & 50 & 2500 \\ 1 & 55 & 3025 \\ 1 & 55 & 3025 \\ 1 & 60 & 3600 \\ 1 & 60 & 3600 \end{bmatrix}, \quad y = \begin{bmatrix} y_1 \\ y_2 \\ y_3 \\ y_4 \\ y_5 \\ y_6 \\ y_7 \\ y_8 \\ y_9 \\ y_{10} \\ y_{11} \\ y_{12} \end{bmatrix} = \begin{bmatrix} 21 \\ 20 \\ 29 \\ 31 \\ 37 \\ 38 \\ 38 \\ 39 \\ 35 \\ 37 \\ 28 \\ 30 \end{bmatrix}$$

일반적으로 k 차 다항회귀모형

$$y = b_0 + b_1 x + b_2 x^2 + \cdots + b_k x^k + \varepsilon$$

에서 최소제곱법으로 계수 $b_j (j = 0,1,2,\cdots,k)$ 를 구하려면 k 개의 독립변수가 있는 중회귀모형으로 수정하면 간단해 진다. 즉,

$$x_1 = x, \quad x_2 = x^2, \quad \cdots, \quad x_k = x^k$$

로 두면, 위 모형은 다음과 같이 표현된다.

$$\begin{aligned} y_i &= b_0 + b_1 x_i + b_2 x_i^{\ 2} + \cdots + b_k x_i^{\ k} + \varepsilon_i \\ &= b_0 + b_1 x_{1i} + b_2 x_{2i} + \cdots + b_k x_{ki} + \varepsilon_i , \quad i = 1,2,\cdots,n \end{aligned}$$

이제 앞에서 설명한 중회귀모형에서의 방법을 따르면 된다.

7.2 Spline 함수

서로 다른 $(n+1)$ 개의 점을 통과하는 n 차 보간다항식이 만족스럽지 않은 경우가 빈번하게 발생한다. 고차의 다항식은 진동되고, 구간의 한 부분에서 발생하는 파동이 전 영역에 걸쳐서 큰 파동이 생기는 단점이 있어, 그 사용이 제한적이다. 그 대안으로 두 점을 통과하는 선형보간다항식을 연결하거나,

세 점을 통과하는 2차 보간다항식을 연결할 수도 있다. 그러나 보간다항식이 연결되는 끝점에서 매끄럽지가 않다. 따라서 이러한 문제점을 회피하는 보간다항식으로 Spline 함수를 생각하게 된다.

이제 3차 Spline 함수를 구하는 방법을 알아보자. $(n+1)$ 개의 자료 (x_0, y_0), $(x_1, y_1), \cdots, (x_n, y_n)$이 주어지고,

$$a = x_0 < x_1 < \cdots < x_n = b$$

를 가정하자. 그러면 n개의 소구간에서 3차 다항식 $s_0, s_1, \cdots, s_{n-1}$을 갖는 3차 Spline 함수 $s(x)$를 구성할 수 있다. 여기서 s_i는 소구간 $[x_i, x_{i+1}]$에서의 3차 함수이다.

함수 $s(x)$가 함수 $f(x)$를 보간하는 Spline 함수가 되기 위해서는 다음 조건을 만족하면 된다.

(1) 각 소구간 $[x_i, x_{i+1}]$에서 $s(x)$는 차수가 3이하인 다항식이다.

(2) $s(x_i) = y_i, \quad i = 0, 1, \cdots, n$

(3) $s_{i-1}(x_i) = s_i(x_i), \quad i = 1, 2 \cdots, n-1$

$s'_{i-1}(x_i) = s'_i(x_i)$

$s''_{i-1}(x_i) = s''_i(x_i)$

(4) $s''(x_0) = s''(x_n) = 0$

n개의 소구간에서의 3차 다항식 s_i에는 4개의 미지수가 있으므로 총 $4n$개의 미지수가 존재한다. 조건 (2)에서 $(n+1)$ 개의 방정식, 조건 (3)에서 $3(n-1)$개의 방정식이 존재하므로 총 $(4n-2)$ 개의 방정식이 만들어진다.

따라서 끝점에 자연경계조건(natural boundary condition)이라고 부르는 조건 (4)에서 두 개의 방정식을 추가되므로 $s(x)$를 구하게 된다. 이렇게 구한 다항식을 자연3차 Spline 함수(natural cubic Spline function)라고 부른다.

이제 자연3차 Spline 함수를 구해보자. 먼저 연속인 2차 도함수 $s''(x)$를 다음과 같이 두자.

$$m_i \equiv s''(x_i), \quad i = 0, 1, \cdots, n \tag{7.2.1}$$

함수 $s(x)$를 m_i를 사용하여 표현하고자 한다. 소구간 $[x_i, x_{i+1}]$에서 $s_i(x)$는

3차 다항식이므로 2차 도함수 $s_i''(x)$는 구간 $[x_i, x_{i+1}]$에서 1차 다항식이 되고,

$$s_i''(x_i) = m_i, \quad s_i''(x_{i+1}) = m_{i+1}$$

이다.

$s_i''(x)$는 두 점 (x_i, m_i)와 (x_{i+1}, m_{i+1})을 통과하는 직선이므로

$$s_i''(x) = \frac{x_{i+1} - x}{x_{i+1} - x_i} m_i + \frac{x - x_i}{x_{i+1} - x_i} m_{i+1}, \quad i = 0, 1, 2, \cdots, n-1$$

이다. 그리고 $h_i = x_{i+1} - x_i$로 두면

$$s_i''(x) = \frac{x_{i+1} - x}{h_i} m_i + \frac{x - x_i}{h_i} m_{i+1} \tag{7.2.2}$$

이 된다.

소구간 $[x_i, x_{i+1}]$에서 $s_i''(x)$를 두 번 적분하면 $s_i(x)$를 얻게 된다. 즉,

$$s_i(x) = \frac{(x_{i+1} - x)^3}{6h_i} m_i + \frac{(x - x_i)^3}{6h_i} m_{i+1} + C_i(x - x_i) + D_i(x_{i+1} - x) \tag{7.2.3}$$

여기서 C_i와 D_i는 적분상수이다. 이 식에 보간조건 $s_i(x_i) = y_i$와 $s_i(x_{i+1}) = y_{i+1}$을 적용하면 C_i와 D_i를 구하면

$$D_i = \frac{y_i}{h_i} - \frac{h_i m_i}{6}$$

$$C_i = \frac{y_{i+1}}{h_i} - \frac{h_i m_{i+1}}{6}$$

이 된다. 따라서 구간 $[x_i, x_{i+1}]$에서의 3차 Spline 함수 $s_i(x)$는 다음과 같다.

$$\begin{aligned} s_i(x) = {} & \frac{(x_{i+1} - x)^3 m_i + (x - x_i)^3 m_{i+1}}{6h_i} + \frac{(x_{i+1} - x) y_i + (x - x_i) y_{i+1}}{h_i} \\ & - \frac{h_i[(x_{i+1} - x) m_i + (x - x_i) m_{i+1}]}{6}, \quad x_i \le x \le x_{i+1} \end{aligned} \tag{7.2.4}$$

이 함수 $s_i(x)$를 미분하면

$$s_i'(x) = \frac{-(x_{i+1} - x)^2 m_i + (x - x_i)^2 m_{i+1}}{2h_i} + \frac{-y_i + y_{i+1}}{h_i} - \frac{h_i[-m_i + m_{i+1}]}{6} \tag{7.2.5}$$

이므로 $s_i'(x_i)$와 $s_{i-1}'(x_i)$는 각각

$$s_i'(x_i) = -\frac{h_i}{3} m_i - \frac{h_i}{6} m_{i+1} + \frac{y_{i+1} - y_i}{h_i}$$

$$s'_{i-1}(x_i) = \frac{h_{i-1}}{3} m_i + \frac{h_{i-1}}{6} m_{i-1} + \frac{y_i - y_{i-1}}{h_{i-1}}$$

이 된다.

조건 $s'_{i-1}(x_i) = s'_i(x_i)$ 로부터 다음의 연립선형방정식의 얻는다.

$$h_{i-1}m_{i-1} + 2(h_{i-1} + h_i)m_i + h_i m_{i+1} = 6\left(\frac{y_{i+1} - y_i}{h_i} - \frac{y_i - y_{i-1}}{h_{i-1}}\right), \quad i = 1, 2, \cdots, n-1 \qquad (7.2.6)$$

이 방정식으로부터 m_i 를 구하면 된다. 그런데 이 방정식은 $(n-1)$ 개이고 미지수 m_i 는 $(n+1)$ 개가 있는 문제점이 있다. 따라서 경계조건으로 $m_0 = 0$, $m_n = 0$ 을 주면 위 연립선형방정식을 풀 수 있다.

연립선형방정식인 식 (7.2.6)을 행렬식으로 표현하면 다음과 같다.

$$Am = d \qquad (7.2.7)$$

여기서

$$A = \begin{bmatrix} 2(h_0 + h_1) & h_1 & & & & \\ h_1 & 2(h_1 + h_2) & h_2 & & & \\ & h_2 & 2(h_2 + h_3) & h_3 & & \\ & & & \ddots & & \\ & & & & \ddots & h_{n-2} \\ & & & & h_{n-2} & 2(h_{n-2} + h_{n-1}) \end{bmatrix}$$

$$m = \begin{bmatrix} m_1 \\ m_2 \\ m_3 \\ \vdots \\ m_{n-1} \end{bmatrix}, \quad d = \begin{bmatrix} 6\frac{y_2 - y_1}{h_1} - 6\frac{y_1 - y_0}{h_0} \\ 6\frac{y_3 - y_2}{h_2} - 6\frac{y_2 - y_1}{h_1} \\ 6\frac{y_4 - y_3}{h_3} - 6\frac{y_3 - y_2}{h_2} \\ \vdots \\ 6\frac{y_n - y_{n-1}}{h_{n-1}} - 6\frac{y_{n-1} - y_{n-2}}{h_{n-2}} \end{bmatrix}$$

위 계수행렬 A 는 강대각지배이므로 해 $m_1, m_2, \cdots, m_{n-1}$ 은 유일하게 존재한다. 이 해를 식 (7.2.4)에 대입하면 자연3차 Spline 함수를 얻게 된다. 그리고 계수행렬 A 는 삼각대각행렬이므로 선형연립방정식의 해에서 설명한 알고리즘을 활용하면 연립방정식의 해 m_i 를 용이하게 구할 수 있다.

다음 알고리즘 7.2.1은 식 (7.2.7)의 삼각대각행렬인 계수행렬 A 의 원소와 열벡터 d 를 계산하는 것을 나타내고, 미지수 m_i 의 계산은 알고리즘 4.4.2를 사용하면 될 것이다.

알고리즘 7.2.1 Spline 함수(m_i 계산)

```
% input  :  x_i, y_i, n
% output :  m_i = x_i
for i=0,1,…,n-1  do
      h_i = x_{i+1} - x_i
for i=1,2,…,n-1  do                                            // (7.2.7)
      d_{i-1} = 6×((y_{i+1} - y_i)/h_i - (y_i - y_{i-1})/h_{i-1})
for i=1,2,…,n-2  do
      c_{i-1} = h_i
      a_i = h_i
for i=1,2,…,n-1  do
      b_i = 2×(h_{i-1} + h_i)
[알고리즘 4.4.2]
```

예제 7.2.1

다음 자료를 보간하는 자연3차 Spline 함수를 구해보자.

i	0	1	2	3
x	1	2	3	4
y	2	1	2	3

$n=3$ 이고, 모든 $h_i = x_{i+1} - x_i = 1$ 이다. 이 경우 식 (7.2.6)로부터 연립선형방정식은 다음과 같다.

$$h_0 m_0 + 2(h_0 + h_1)m_1 + h_1 m_2 = 6\left[\frac{y_2 - y_1}{h_1} - \frac{y_1 - y_0}{h_0}\right]$$

$$h_1 m_1 + 2(h_1 + h_2)m_2 + h_2 m_3 = 6\left[\frac{y_3 - y_2}{h_2} - \frac{y_2 - y_1}{h_1}\right]$$

자연경계조건 $m_0 = m_3 = 0$ 을 적용하면 연립방정식은

$$4m_1 + m_2 \quad = 12$$
$$m_1 + 4m_2 = 0$$

이 되고, 위 방정식 해는 다음과 같다.

$$m_1 = \frac{16}{5}, \quad m_2 = -\frac{4}{5}$$

이것을 식 (7.2.4)에 대입하여 자연3차 Spline 함수를 구한다.

$$s(x) = \begin{cases} \frac{8}{15}x^3 - \frac{8}{5}x^2 + \frac{1}{15}x + 3, & 1 \le x \le 2 \\ -\frac{2}{3}x^3 + \frac{28}{5}x^2 - \frac{43}{3}x + \frac{63}{5}, & 2 \le x \le 3 \\ \frac{2}{15}x^3 - \frac{8}{5}x^2 + \frac{109}{15}x - 9, & 3 \le x \le 4 \end{cases}$$

주어진 자료와 여기서 자연3차 Spline 함수를 나타낸 것이 그림 7.2.1이다.

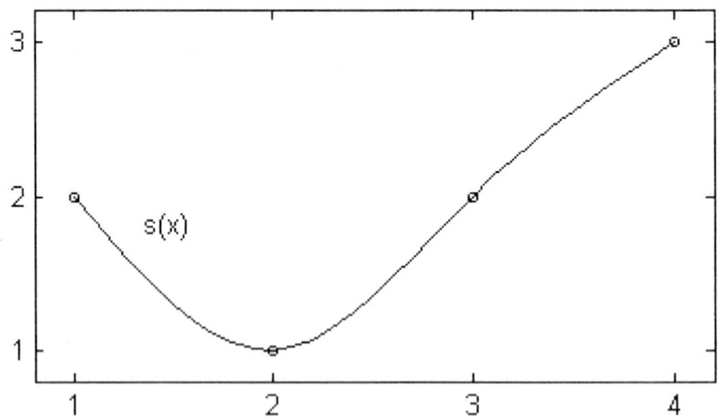

그림 7.2.1 자연 3차 Spline 함수

연습문제

7-1 다음 자료를 사용하여 아래 물음에 답하시오.

x	4	4	6	8	10	10	12
y	8	9	13	19	23	24	28

선형회귀방정식 $P_1(x) \equiv \hat{y} = a + bx$를 구하고자 한다.

(1) $\sum x_i$, $\sum x_i^2$, $\sum y_i$, $\sum x_i y_i$ 을 를 계산하시오.

(2) 정규방정식을 적으시오.

(3) a, b를 구하시오.

(4) 적합된 회귀직선을 구하시오.

7-2 다음 자료를 사용하여 아래 물음에 답하시오.

x	2	3	4	5	6
y	4.2	5.7	6.5	8.1	8.9

선형회귀방정식 $P_1(x) \equiv \hat{y} = a + bx$를 구하고자 한다.

(1) $\sum x_i$, $\sum x_i^2$, $\sum y_i$, $\sum x_i y_i$ 을 를 계산하시오.

(2) 정규방정식을 적으시오.

(3) a, b를 구하시오.

(4) 적합된 회귀직선을 구하시오.

7-3 다음 자료를 사용하여 아래 물음에 답하시오.

(1) 함수 $f(x) = ae^{bx}$를 적절한 변환을 취하여 선형모형으로 바꾸시오.

(2) 변형된 선형모형에서 정규방정식을 구하시오.

(3) 미지의 계수 a, b를 추정하시오.

(4) 적합된 곡선을 적으시오.

x	2	3	4	5	6
y	3.69	10.05	27.30	74.10	201.70

7-4 다음 자료로 최소제곱법으로 적합시킨 모형 $\hat{y} = ae^{bx}$ 를 구하시오.

x	2	3	4	5	6	7
y	12.75	17.30	23.31	31.40	42.35	57.15

7-5 다음 자료를 사용하여 아래 물음에 답하시오.

x_1	4	6	8	9	10	12
x_2	4	5	10	12	13	15
y	9	10	19	20	24	29

중회귀방정식 $P(x) \equiv \hat{y} = b_0 + b_1x_1 + b_2x_2$ 를 구하고자 한다.

(1) 식 (7.1.15) $Ab = d$ 의 A 와 d 를 구하시오.

(2) b_0, b_1, b_2 를 Gauss 소거법으로 구하시오.

(3) 적합된 회귀방정식을 구하시오.

7-6 문제 7-5의 자료를 사용하여 $P(x) \equiv \hat{y} = b_0 + b_1x_1 + b_2x_2$ 를 식 (7.1.18)로 구하고자 한다.

(1) y, X 를 적으시오.

(2) X^TX, X^Ty 를 구하시오.

(3) Gauss-Jordan 방법으로 $(X^TX)^{-1}$ 를 구하시오.

(4) $b = (X^TX)^{-1}X^Ty$ 를 계산하시오.

(5) 적합된 중회귀방정식을 구하시오.

7-7 예제 7.1.5에서 $X^T X$, $X^T y$, $(X^T X)^{-1}$를 계산하여 계수 $b=(X^T X)^{-1} X^T y$를 구하시오.

7-8 다음 자료를 사용하여 아래 물음에 답하시오.

x	1	2	3	4	5	6	7
y	5.1	6.3	6.6	7.0	6.6	5.7	4.8

다항회귀방정식 $P(x) \equiv \hat{y} = b_0 + b_1 x + b_2 x^2$를 구하고자 한다.

(1) 정규방정식을 적으시오.

(2) b_0, b_1, b_2를 구하시오.

(3) 적합된 다항회귀방정식을 구하시오.

7-9 다음 자료를 보간하는 Spline 함수를 구하고자 한다.

x	0	1	2	3
y	0.0	0.7	2.2	1.4

(1) 연립선형방정식 (7.2.6)을 구하시오.

(2) m_i를 구하시오.

(3) 식 (7.2.4)의 자연3차 Spline 함수를 구하시오.

7-10 다음 자료를 사용하여 자연 3차 Spline 함수를 구하고자 한다.

x	0	0.5	1	2	3
y	0	4	16	30	50

(1) 연립선형방정식 (7.2.6)을 구하시오.

(2) m_i를 구하시오.

(3) 식 (7.2.4)의 자연3차 Spline 함수를 구하시오.

(4) 자연3차 Spline 함수를 구하는 프로그램을 작성하시오.

부록-1

프로그램

여기서는 앞에서 설명한 알고리즘과 본문의 예를 사용하여 작성한 프로그램을 예시한다. 프로그램은 알고리즘의 구현을 쉽게 이해하도록 가능하면 알고리즘에 충실하였다. 따라서 주어진 프로그램은 최적의 상태가 아니고, 생략이 가능한 변수, 배열 또는 코드 등이 일부 포함되었고, 조건을 검사하는 부분을 누락시킨 곳도 있다. 따라서 주어진 대로 사용하여도 무방하나 사용목적에 따라 수정 보완할 수도 있다.

1장.

프로그램 1.2.1

괄호형식으로 다항식을 계산하는 알고리즘 1.2.1을 프로그램으로 작성한다. 식 (1.2.2)를 괄호형식으로 표현하면 식 (1.2.3)이 된다. 이것을 알고리즘 1.2.1을 사용하여 프로그램으로 작성하고, $x=3$ 인 경우인 $P(3)$ 을 계산해보자. 괄호형식의 식 (1.2.3)은 다음과 같다.

$$P(x)=2+x(3+x(5+x(8+x(7+9x))))$$

여기서 계수 $a_0=2, a_1=3, a_2=5, a_3=8, a_4=7, a_5=9$ 는 배열 a[6]을 선언한 다음(6행), 이 배열에 저장한다(9행).

그리고 알고리즘의 내용은 12-15행으로 구현되었다.

$x=3$ 인 경우인 $P(3)$ 의 계산 결과는 output 블록에 주어져 있다.

C 프로그램 1.2.1 괄호형식(다항식 계산)

```
// algorithm121.c - nested multiplication
#include <stdio.h>
#include <stdio.h>
#include <stdio.h>

void main(){
    double a[6], x, p;
    int n, j;

    a[0]=2; a[1]=3; a[2]=5; a[3]=8; a[4]=7; a[5]=9;
    n=5; x=3;

    p = a[n];
    for(j=n-1; j>=0; j=j-1){
        p = a[j] + x*p;
    }
//                                              print output
    printf("P(x)= %lf at x= %lf ₩n", p, x);

}

Output :
P(x)= 3026.000000 at x= 3.000000
```

2장.

프로그램 1.2.1

2차 방정식의 근을 계산하는 알고리즘 2.2.1을 프로그램으로 작성한다.

식 (2.2.5)와 식 (2.2.6)의 공식과 통상적으로 사용하는 공식(19-20행)을 사용하여 계산하였다. 계산은 단일정밀도로 수행하였다.

그리고 알고리즘의 내용은 10-15행으로 구현되었다.

input은 6행에서 주어진 계수이고, 이 값을 사용하여 구한 계산 결과는 output 블록에 주어져 있다.

C 프로그램 2.2.1 2차 방정식의 근

```
// algorithm221.c - roots of a quadratic equation
#include <stdio.h>
#include <math.h>
#include <stdlib.h>

void main(){
    float a=5.f, b=1212.3f, c=25.f;
    float x1,x2,sd,y1,y2;
    int sn;

    sd = (float)sqrt(b*b - 4*a*c);
    sn = +1;
    if( b < 0 )
         sn = -1;
    x1 = (float)( (-b - sn*sd)/(2.*a) );                    // (2.2.5)
    x2 = (float)( c/(a*x1) );                               // (2.2.6)

    printf("method-1 : %f %f ₩n", x1, x2);

    y1 = (float)( (-b - sd)/(2.*a) );
    y2 = (float)( (-b + sd)/(2.*a) );

    printf("method-2 : %f %f ₩n", y1, y2);

}

Output :
method-1 : -242.439392 -0.020624
method-2 : -242.439392 -0.020618
```

3장.

프로그램 3.2.1

비선형방정식의 해를 이분법으로 구하는 알고리즘 2.2.1을 프로그램으로 작성한다.

예제 3.2.1에서 다룬 함수의 근을 구하는 프로그램을 작성하면 아래의 프로그램 3.2.1과 같다.

(1) input은 $f(x),a,b$이고 output은 식 (3.2.1)에서 주어진 c이다.

(2) 먼저 함수 $f(x)$는 macro 함수를 사용하여 표현하였다(5행).

(3) 알고리즘의 내용은 21행과 26-29행으로 구현되었다.

(4) 그리고 종료규칙으로는 식 (3.1.4)와 식 (3.1.6)을 사용한다. 최대반복횟수는 변수 itmax=1000을 사용하고(20행), 마지막 두 반복값의 차가 허용오차 eps=0.001보다 작으면 종료하는 것으로 한다(행22-25). 그리고 정상종료와 eps가 만족되지 않아서 최대반복횟수까지 반복한 경우를 지시하는 오차지시자 ier을 사용하였다.

(5) 초기값 a, b가 근이 존재한 구간이 되는 가는 14-17행에서 검사된다.

input은 11-12행에서 주어진 값이고, 이것을 사용하여 구한 계산 결과는 output 블록에 주어져 있다.

만약 중간 계산 결과가 필요하면, 다음 명령문을 21-22행 사이에 추가하면 된다.

```
printf("%4d %10.6lf %10.6lf %10.6lf %10.6lf ₩n", k, a, b, c, c-a);
```

C 프로그램 3.2.1 이분법

```
0  // algorithm321.c - bisection method
1  #include <stdio.h>
2  #include <math.h>
3  #include <stdlib.h>
4
5  #define f(x) ( exp(x)-5 )
6
7  void main(){
8      double a, b, c, eps;
9      int itmax, k,ier;
10
11     a=0.; b=4.;
12     eps=0.001; itmax=1000;
13
14     if( f(a)*f(b) > 0 ){
15         printf("ier = 2 ₩n");
16         exit(0);
17     }
18
```

```
    ier = 1;
    for(k=1; k<=itmax; k=k+1){
        c = (a+b)/2;                                        // (3.2.1)
        if( (c-a) <= eps ){
            ier =0;
            break;
        }
        if( f(a)*f(c) < 0 )
                b=c;
            else
                a=c;
    }
//                                                      print output
    printf(" root = %lf ₩n ier = %d ₩n", c, ier);
}

Output :
root = 1.610352
ier = 0
```

프로그램 3.3.1

비선형방정식의 해를 Newton 방법으로 구하는 알고리즘 3.3.1을 프로그램으로 작성한다.

예제 3.3.1에서 다룬 함수의 근을 구하는 프로그램을 작성하면 아래의 프로그램 3.3.1과 같다.

(1) input은 $f(x), f'(x), x_0$ 이고 output은 식 (3.3.3)에서 주어진 x_n 이다.

(2) 먼저 함수 $f(x), f'(x)$ 는 macro 함수를 사용하여 표현하였다(5-6행).

(3) 알고리즘의 내용은 17행과 22행으로 구현되었다.

(4) 그리고 종료규칙으로는 식 (3.1.4)와 식 (3.1.6)을 사용한다. 최대반복횟수는 변수 itmax=1000을 사용하고(16행), 마지막 두 반복값의 차가 허용오차 eps=0.001보다 작으면 종료하는 것으로 한다(18-21행). 그리고 정상종료와 eps가 만족되지 않아서 최대반복횟수까지 반복한 경우를 지시하는 오차지시자 ier을 사용하였다.

input은 12-13행에서 주어진 값이고, 이것을 사용하며 구한 계산 결과는 output 블록에 주어져 있다.

만약 중간 계산 결과가 필요하면, 다음 명령문을 17-18행 사이에 추가하면 된다.

```
printf("%4d %10.6lf  %10.6lf  %10.6lf ₩n", k, x0, xk, xk-x0);
```

C 프로그램 3.3.1 Newton 방법

```
0  // algorithm331.c - Newton's method
1  #include <stdio.h>
2  #include <math.h>
3  #include <stdlib.h>
4
5  #define f(x)  ( exp(x)-5 )
6  #define df(x) ( exp(x) )
7
8  void main(){
9      double x0, xk, eps;
10     int itmax, k,ier;
11
12     x0=4.;
13     eps=0.001; itmax=1000;
14
15     ier = 1;
16     for(k=1; k<=itmax; k=k+1){
17         xk = x0 - f(x0)/df(x0);                          // (3.3.3)
18         if( fabs(xk-x0) <= eps ){
19             ier = 0;
20             break;
21         }
22         x0 = xk;
23     }
24 //                                                    print output
25         printf(" root = %lf ₩n ier = %d ₩n", xk, ier);
26
27 }

   Output :
   root = 1.609438
   ier = 0
```

프로그램 3.4.1

비선형방정식의 해를 할선법으로 구하는 알고리즘 3.4.1을 프로그램으로 작성한다.

예제 3.4.1에서 다룬 함수의 근을 구하는 프로그램을 작성하면 아래의 프로그램 3.4.1과 같다.

(1) input은 $f(x), x_0, x_0$ 이고 output은 식 (3.4.4)에서 주어진 x_n 이다.

(2) 먼저 함수 $f(x)$ 는 macro 함수를 사용하여 표현하였다(5행).

(3) 알고리즘의 내용은 16행과 21−22행으로 구현되었다.

(4) 그리고 종료규칙으로는 식 (3.1.4)와 식 (3.1.6)을 사용한다. 최대반복횟수는 변수 itmax=1000을 사용하고(15행), 마지막 두 반복값의 차가 허용오차 eps=0.001보다 작으면 종료하는 것으로 한다(17−20행). 그리고 정상종료와 eps가 만족되지 않아서 최대반복횟수까지 반복한 경우를 지시하는 오차지시자 ier을 사용하였다.

input은 11−12행에서 주어진 값이고, 이것을 사용하여 구한 계산 결과는 output 블록에 주어져 있다.

만약 중간 계산 결과가 필요하면, 다음 명령문을 15−16행 사이에 추가하면 된다.

```
printf("%4d %10.6lf %10.6lf %10.6lf %10.6lf \n", k,x0,x1,xk,xk-x1);
```

C 프로그램 3.4.1 할선법

```
0  // algorithm341.c - secant method
1  #include <stdio.h>
2  #include <math.h>
3  #include <stdlib.h>
4
5  #define f(x) ( exp(x)-5 )
6
7  void main(){
8      double x0, x1, xk,eps;
9      int itmax, k,ier;
10
11     x0=0.; x1=4.;
12     eps=0.001; itmax=1000;
13
```

```
    ier = 1;
    for(k=1; k<=itmax; k=k+1){
        xk = x1 - f(x1)*(x1-x0)/(f(x1)-f(x0));                  // (3.4.4)
        if( fabs(xk-x1) <= eps ){
            ier = 0;
            break;
        }
        x0=x1;
        x1=xk;
    }
//                                                       print output
    printf(" root = %lf ₩n ier = %d ₩n", xk, ier);

}

Output :
root = 1.609439
ier = 0
```

4장.

프로그램 4.2.1

연립선형방정식의 해를 Gauss 소거법으로 구하는 알고리즘 4.2.1을 프로그램으로 작성한다.

식 (4.2.1)의 선형계의 해를 구하는 프로그램을 작성하면 아래의 프로그램 4.2.1과 같다. input인 계수행렬 A는 2차원 배열 a[3][3]으로, 벡터 b는 1차원 배열 b[3]로 나타냈다(6-7행). output은 식 (4.2.5)에서 주어진 값이다. 그리고 알고리즘은 소거단계는 13-22행에, 후진대입은 24-32행에 구현되었으며, 계산 결과는 output 블록에 주어져 있다.

그리고 만약 초기값과 중간 계산 결과의 출력이 필요하면, 아래 명령문(C 프로그램 A4-1)을 11-12행 사이와 32-23행 사이에 추가하면 된다.

25행부터 x[]를 b[]로 교체해도 무방하며, 배열 x[]의 사용을 회피할 수 있다.

C 프로그램 4.2.1 Gauss 소거법

```
// algorithm421.c - Gauss elimination
#include <stdio.h>
#include <math.h>
#include <stdlib.h>

void main(){
    double a[3][3]={ {2,1,-1}, {4,5,-3}, {-2,5,-2} };
    double b[3]={5,9,4};
    double x[3], m, s;
    int n, n1,k,i,j;

    n = 3;
//                                                  elimination
    for(k=0; k<n-1; k=k+1){
        for(i=k+1; i<n; i=i+1){
            m = a[i][k]/a[k][k];                    // (4.2.2)
//          for(j=k+1; j<n; j=j+1){   //cost reduction
            for(j=k; j<n; j=j+1){                   // (4.2.3)
                a[i][j] = a[i][j] - a[k][j]*m;
            }
            b[i] = b[i] - b[k]*m;
        }
    }
//                                             back substitution
    n1 = n-1;
    x[n1] = b[n1]/a[n1][n1];                        // (4.2.4)
    for(i=n-2; i>=0; i=i-1){
        s = 0.;
        for(j=i+1; j<n; j=j+1){
            s = s + a[i][j]*x[j];
        }
        x[i] = ( b[i]-s )/a[i][i];
    }
//                                                  print output
    printf("x[] =");
    for(i=0; i<n; i=i+1){
        printf(" %lf ", x[i]);
    }
    printf("₩n");

}
```

```
Output :
x[] = -1.000000  -4.000000  -11.000000
```

C 프로그램 A4-1 출력보조용

```
    for(i=0; i<n; i=i+1){                              // print a[][], b[]
        for(j=0; j<n; j=j+1){
            printf(" %10.6lf ", a[i][j]);
        }
        printf(" %10.6lf ₩n", b[i]);
    }
    printf("₩n");
```

프로그램 4.2.2

부분피버팅에 대한 알고리즘 4.2.2을 프로그램으로 작성한다. 여기서는 앞에서 설명한 Gauss 소거법에 부분피버팅을 적용하고자 한다.

아래 프로그램에서 부분피버팅은 15−28행으로 구현되었으면, 이 부분은 Gauss 소거법인 프로그램 4.2.1의 13−14행 사이에 추가된 것이다.

프로그램 4.2.1에서 주어진 값을 사용하여 구한 계산 결과는 output 블록에 주어져 있다.

C 프로그램 4.2.2 Gauss 소거법(부분피버팅 사용)

```
0  // algorithm422.c - Gauss elimination using partial pivoting
1  #include <stdio.h>
2  #include <math.h>
3  #include <stdlib.h>
4
5  void main(){
6      double a[3][3]={ {2,1,-1}, {4,5,-3}, {-2,5,-2} };
7      double b[3]={5,9,4};
8      double x[3], m,s,big,dummy,temp;
9      int n, n1,k,i,j,p;
10
11     n = 3;
12 //                                                  elimination
13     for(k=0; k<n-1; k=k+1){
14 //                                   partial pivoting( 15-28)
```

```
        p = k;
        big = fabs(a[k][k]);
        for(i=k+1; i<n; i=i+1){
            dummy = fabs(a[i][k]);
            if(dummy > big){
                big = dummy; p = i;
            }
        }
        if( p != k ){              // exchanges the contents of 2 rows
            for(j=k; j<n; j=j+1){
                temp = a[p][j]; a[p][j] = a[k][j]; a[k][j] = temp;
            }
            temp = b[p]; b[p] = b[k]; b[k] = temp;
        }

        for(i=k+1; i<n; i=i+1){
            m = a[i][k]/a[k][k];
//          for(j=k+1; j<n; j=j+1){    //cost
                for(j=k; j<n; j=j+1){
                    a[i][j] = a[i][j] -a[k][j]*m;
                }
                b[i] = b[i] - b[k]*m;
        }
    }
//                                                   back substitution
    n1 = n-1;
    x[n1] = b[n1]/a[n1][n1];
    for(i=n-2; i>=0; i=i-1){
        s = 0.;
        for(j=i+1; j<n; j=j+1){
            s = s + a[i][j]*x[j];
        }
        x[i] = ( b[i]-s )/a[i][i];
    }
//                                                   print output
    printf("x[] =");
    for(i=0; i<n; i=i+1){
        printf(" %lf ", x[i]);
    }
    printf("₩n");

}
```

```
Output :
x[] = -1.000000  -4.000000  -11.000000
```

그리고 초기값과 중간계산 결과를 출력하기 위해서는 명령문(C 프로그램 A4-1)을 11-12행 사이와 38-29행 사이에 추가하면 된다.

프로그램 4.3.1

식 (4.2.1)에서 주어진 선형연립방정식을 풀기 위한 알고리즘 4.3.1을 프로그램으로 작성한다.

input인 계수행렬 A는 2차원 배열 a[3][3]으로, 벡터 b는 1차원 배열 b[3]로 나타냈다(6-7행). 계산 결과는 output 블록에 주어져 있다.

그리고 초기값과 중간계산 결과를 출력하기 위해서는 명령문(C 프로그램 A4-1)을 18-19행 사이와 34-35행 사이에 추가하면 된다.

36-38행을 삭제하고, 42행의 x[]를 b[]로 교체할 수 있다

C 프로그램 4.3.1 Gauss-Jordan 방법(피버팅전략 미적용)

```
0  // algorithm431.c - Gauss-Jordan method
1  #include <stdio.h>
2  #include <math.h>
3  #include <stdlib.h>
4  
5  void main(){
6      double a[3][3]={ {2,1,-1}, {4,5,-3}, {-2,5,-2} };
7      double b[3]={5,9,4};
8      double x[3], akk,aik;
9      int n, k,i,j;
10 
11     n = 3;
12 //
13     for(k=0; k<n; k=k+1){
14         akk = a[k][k];                              // (4.3.1)
15         for(j=k; j<n; j=j+1){
16             a[k][j] = a[k][j]/akk;
17         }
18         b[k] = b[k]/akk;
19 //
20         for(i=k+1; i<n; i=i+1){                     // (4.3.2)
```

```
                aik = a[i][k];
                for(j=k; j<n; j=j+1){
                    a[i][j] = a[i][j] - a[k][j]*aik;
                }
                b[i] = b[i] - b[k]*aik;
            }
            for(i=0; i<=k-1; i=i+1){
                aik = a[i][k];
                for(j=k; j<n; j=j+1){
                    a[i][j] = a[i][j] - a[k][j]*aik;
                }
                b[i] = b[i] - b[k]*aik;
            }
        }
//
        for(i=0; i<n; i=i+1){
            x[i] = b[i];
        }
//                                                  print output
        printf("x[] =");
        for(i=0; i<n; i=i+1){
            printf(" %lf ", x[i]);
        }
        printf("₩n");

}

Output :
x[] = -1.000000  -4.000000  -11.000000
```

프로그램 4.3.2

다음 프로그램은 식 (4.2.1)에 있는 계수행렬 A의 역행렬을 구하기 위하여 알고리즘 4.3.2를 사용한 것이다.

input인 계수행렬 A는 2차원 배열 a[3][3]로 나타냈다(6행). 계산 결과는 output 블록에 주어져 있다.

그리고 초기값과 중간계산 결과를 출력하기 위해서는 명령문(48-56행)을 17-18행 사이와 45-46행 사이에 추가하면 된다.

C 프로그램 4.3.2 역행렬(Gauss-Jordan 방법)

```
// algorithm432.c - inverse matrix using Gauss-Jordan method
#include <stdio.h>
#include <math.h>
#include <stdlib.h>

void main(){
    double a[3][3] = { {2,1,-1}, {4,5,-3}, {-2,5,-2} };
    double c[3][3], akk,aik;
    int n, k,i,j;

    n = 3;
//                                                  identity matrix
    for(i=0; i<n; i=i+1){
        c[i][i] = 1.;
        for(j=i+1; j<n; j=j+1){
            c[i][j] = 0.; c[j][i] = 0.;
        }
    }
//
    for(k=0; k<n; k=k+1){
        akk = a[k][k];
        for(j=k; j<n; j=j+1){
            a[k][j] = a[k][j]/akk;
        }
        for(j=0; j<n; j=j+1){
            c[k][j] =c[k][j]/akk;
        }

        for(i=k+1; i<n; i=i+1){                     // elimination
                aik = a[i][k];
            for(j=k; j<n; j=j+1){
                a[i][j] = a[i][j] - a[k][j]*aik;
            }
            for(j=0; j<n; j=j+1){
                c[i][j] = c[i][j] - c[k][j]*aik;
            }
        }
        for(i=0; i<=k-1; i=i+1){
            aik = a[i][k];
            for(j=k; j<n; j=j+1){
                a[i][j] = a[i][j] - a[k][j]*aik;
            }
            for(j=0; j<n; j=j+1){
```

```
                    c[i][j] = c[i][j] - c[k][j]*aik;
                }
            }
        }
//                                                              print output
        for(i=0; i<n; i=i+1){
            for(j=0; j<n; j=j+1){
                printf(" %10.6lf ", a[i][j]);
            }
            for(j=0; j<n; j=j+1){
                printf(" %10.6lf ", c[i][j]);
            }
            printf("₩n");
        }

}

Output :
    1.00     0.00    0.00    -0.83    0.50    -0.33
    0.00     1.00    0.00    -2.33    1.00    -0.33
    0.00     0.00    1.00    -5.00    2.00    -1.00
```

프로그램 4.4.1

다음 프로그램은 식 (4.2.1)에서 주어진 선형연립방정식을 풀기 위하여 계수행렬을 LU 분해하는 알고리즘 4.4.1을 사용한 것이다.

input인 계수행렬 A는 2차원 배열 a[3][3]으로, 벡터 b는 1차원 배열 b[3]로 나타냈다(6-7행). 계산 결과는 output 블록에 주어져 있다.

C 프로그램 4.4.1 LU 분해

```
0 // algorithm441.c - LU decomposition
1 #include <stdio.h>
2 #include <math.h>
3 #include <stdlib.h>
4
5 void main(){
6     double a[3][3]={ {2,1,-1}, {4,5,-3}, {-2,5,-2} };
7     double b[3]={5,9,4};
8     double x[3], y[3], m,s;
9     int n, n1,k,i,j;
```

```

    n = 3;
//                                                  LU decomposition
    for(k=0; k<n-1; k=k+1){
        for(i=k+1; i<n; i=i+1){
            m = a[i][k]/a[k][k];
            for(j=k; j<n; j=j+1){
                a[i][j] = a[i][j] - a[k][j]*m;
            }
            a[i][k] = m;
        }
    }
//                                             forward substitution
    y[0] = b[0];
    for(i=1; i<n; i=i+1){
        s = 0.;
        for(j=0; j<=i-1; j=j+1){
            s = s + a[i][j]*y[j];
        }
        y[i] = b[i] - s;
    }
//                                                back substitution
    n1 = n-1;
    x[n1] = y[n1]/a[n1][n1];
    for(i=n-2; i>=0; i=i-1){
        s = 0.;
        for(j=i+1; j<n; j=j+1){
            s = s + a[i][j]*x[j];
        }
        x[i] = ( y[i]-s )/a[i][i];
    }
//                                                     print output
    printf("x[] =");
    for(i=0; i<n; i=i+1){
        printf(" %10.6lf ", x[i]);
    }
    printf("Wn");

}
```

```
Output :
x[] =  -1.000000   -4.000000  -11.000000
```

초기값과 LU 분해 결과를 출력하기 위해서는 명령문(C 프로그램 A4-1)을 11-12행 사이와 21-23행 사이에 추가하면 된다.

그리고 전진대입의 결과인 y_i를 출력하기 위해서는 42-46행을 복사하여 30-31행 사이에 추가한 다음, 44행의 x를 y로 교체하면 된다.

프로그램 4.4.2

다음 프로그램은 예제 4.4.1에서 주어진 선형연립방정식의 해를 구하기 위하여 알고리즘 4.4.2를 사용한 것이다.

input인 계수행렬 A의 대각원소를 각각 1차원 배열 a[4], b[4], c[4]로, 벡터 b는 1차원 배열 b[4]로 나타냈다(6-9행). 사용되지 않은 a의 첫 번째 원소와 c의 마지막 원소에는 편의상 0을 대입하였다.

전진대입은 38-40행에서 이루어지므로 전진대입의 결과를 출력하기 위해서는 49-53행을 복사하여 40-41행 사이에 추가하면 된다.

C 프로그램 4.4.2 삼각대각행렬(피버팅전략 미적용)

```
0  // algorithm442.c - tridiagonal matrix without pivoting strategy
1  #include <stdio.h>
2  #include <math.h>
3  #include <stdlib.h>
4  
5  void main(){
6      double b[4]={ 3., -5.,  7.,  -3.};
7      double c[4]={-1.,  1.,  1.,    0};
8      double a[4]={ 0,   1.,  2.,   1.};
9      double d[4]={12.,-11.,  2., -10.};
10     int n=4, i, ier;
11 
12 /*
13 input  : A(i,i-1)=a[i-1], i=2,3,...,n     - sub-diagonal
14          A(i,i)  =b[i-1], i=1,2,...,n     - the main diagonal
15          A(i,i+1)=c[i-1], i=1,2,...,n-1   - sup-diagonal
16                   d[i-1], i=1,2,...,n     - right part
17                   n = the order of the linear system
18 output : x[i]=d[i] roots
19          ier=0 : a satisfactory solution
```

```
          ier=1 : a zero pivot element was encountered.
*/

    for(i=1; i<n; i=i+1){
        if( b[i-1] == 0. ){
            ier =1;
            printf("ier= %d ₩n", ier);
            exit(0);
        }
        a[i] = a[i]/b[i-1];                                 // (4.4.8)
        b[i] = b[i] - a[i]*c[i-1];
    }
    if( b[n-1] == 0. ){
        ier =1;
        printf("ier= %d ₩n", ier);
        exit(0);
    }
//                                              forward substitution
    for(i=1; i<n; i=i+1){
        d[i] = d[i] - a[i]*d[i-1];                          // (4.4.9)
    }
//                                                 back substitution
    d[n-1] = d[n-1]/b[n-1];
    for(i=n-2; i>=0; i=i-1){
        d[i] = ( d[i]-c[i]*d[i+1] )/b[i];                  // (4.4.10)
    }
    ier=0;

//                                                      print output
    printf("x[] =");
    for(i=0; i<n; i=i+1){
        printf(" %lf ", d[i]);
    }
    printf("₩n ier = %d ₩n", ier);

}

Output :
x[] = 5.000000  3.000000  -1.000000  3.000000
ier = 0
```

5장.

프로그램 5.1.1

Lagrange 보간다항식을 계산하는 알고리즘 5.1.1을 프로그램으로 작성한다.

예제 5.1.2에서 주어진 자료를 사용하여 2차 보간다항식을 계산하는 프로그램은 아래와 같다. input인 x_i, y_i는 1차원 배열 x[3], y[3]으로 나타냈다(9-10행). 계산 결과는 output 블록에 주어져 있다.

C 프로그램 5.1.1 Lagrange 보간다항식

```
0  // algorithm511.c - Lagrange interpolation polynomial
1  #include <stdio.h>
2  #include <math.h>
3  #include <stdlib.h>
4
5  void main(){
6      double x[3], y[3], xa, ln,p1,p2;
7      int n, i,j;
8
9      x[0]=1.; x[1]=3.;      x[2]=5.;
10     y[0]=0.; y[1]=1.0986; y[2]=1.6094;
11     n=2;
12     xa=3.5;
13
14     ln = 0.;
15     for(i=0; i<=n; i=i+1){                              // (5.1.6)
16         p1 = 1.;
17         for(j=0; j<=i-1; j=j+1){
18             p1 = p1 * (xa-x[j])/(x[i]-x[j]);
19         }
20         p2 = 1.;
21         for(j=i+1; j<=n; j=j+1){
22             p2 = p2 * (xa-x[j])/(x[i]-x[j]);
23         }
24         ln = ln + (p1*p2)*y[i];                         // (5.1.5)
25     }
26 //                                                  print output
27     printf("P(x) = %lf at x = %lf ₩n", ln, xa);
```

```

}

Output :
P(x) = 1.281406 at x = 3.500000
```

프로그램 5.2.1

Newton 차분을 계산하는 알고리즘 5.2.1을 프로그램으로 작성한다.

예제 5.2.1에서 주어진 자료로 차분을 계산하는 프로그램은 아래와 같다.

input인 x, y는 각각 1차원 배열 x[3], f[3]으로 나타냈다(9-10행). 계산결과인 차분은 배열 f[3]에 저장되어 나온다. 따라서 초기값 f[3]는 연산과정에서 사라지고, 결과인 차분이 저장된다. 초기값 x[3]와 차분 f[3]은 output 블록에 주어져 있다.

C 프로그램 5.2.1 Newton 차분

```
0  // algorithm521.c - Newton's divided difference
1  #include <stdio.h>
2  #include <math.h>
3  #include <stdlib.h>
4
5  void main(){
6      double x[3], f[3], xa;
7      int n, i,j;
8
9      x[0]=1.; x[1]=3.; x[2]=5.;
10     f[0]=0.; f[1]=1.0986; f[2]=1.6094;
11     n=2; xa=3.5;
12
13     for(i=1; i<=n; i=i+1){
14         for(j=n; j>=i; j=j-1){
15             f[j] = ( f[j]-f[j-1] )/( x[j]-x[j-i] );
16         }
17     }
18 //                                                   print output
19     for(i=0; i<=n; i=i+1){
20         printf("%10.6lf %10.6lf = D[%d] ₩n", x[i], f[i], i);
21     }
22
```

```
}

Output :
  1.000000   0.000000 = D[0]
  3.000000   0.549300 = D[1]
  5.000000  -0.073475 = D[2]
```

프로그램 5.2.2

Newton 보간다항식을 계산하는 알고리즘 5.2.2를 프로그램으로 작성한다. 예제 5.2.2에서 주어진 자료로 차분을 계산하는 프로그램은 아래와 같다. input인 x, y는 각각 1차원 배열 x[3], f[3]으로 나타냈다(9-10행). 프로그램은 차분을 계산하는 알고리즘 5.2.1과 괄호형식을 계산하는 알고리즘 1.2.1을 수정한 것으로 구성된다. 계산 결과는 output 블록에 주어져 있다.

C 프로그램 5.2.2 Newton 보간다항식

```
0  // algorithm522.c - Newton's interpolation polynomial
1  #include <stdio.h>
2  #include <math.h>
3  #include <stdlib.h>
4
5  void main(){
6      double x[3], f[3], xa, nn;
7      int n, i,j,k;
8
9      x[0]=1.; x[1]=3.; x[2]=5.;
10     f[0]=0.; f[1]=1.0986; f[2]=1.6094;
11     n=2; xa=3.5;
12 //                                              algorithm 5.2.1
13     for(i=1; i<=n; i=i+1){
14         for(j=n; j>=i; j=j-1){
15             f[j] = ( f[j]-f[j-1] )/( x[j]-x[j-i] );
16         }
17     }
18 //                                              algorithm 1.2.1
19     nn = f[n];
20     for(k=n-1; k>=0; k=k-1){
21         nn = f[k] + (xa-x[k])*nn;
22     }
```

```
//                                                    print output
    printf("P(x) = %lf at x = %lf ₩n", nn, xa);

}

Output :
P(x) = 1.281406 at x = 3.500000
```

프로그램 5.3.1

Chebyshev 근사다항식을 계산하는 알고리즘 5.3.1을 프로그램으로 작성한다.

예제 5.3.2에서 주어진 자료를 사용하여 Chebyshev 근사다항식을 계산하는 프로그램은 아래와 같다. input인 $a,b,n,xa=x$ 는 11-13행에 나타냈다. 먼저 Chebyshev 결절점을 구한 다음(15-22행), Lagrange 보간다항식을 구하는 알고리즘 5.1.1을 사용한다. 계산 결과는 output 블록에 주어져 있다.

C 프로그램 5.3.1 Lagrange-Chebyshev 근사다항식

```
0  // algorithm531.c - Lagrange-Chebyshev approximation polynomial
1  #include <stdio.h>
2  #include <math.h>
3  #include <stdlib.h>
4
5  #define f(x) ( x*exp(x) )
6
7  void main(){
8      double a, b, pi, xa, t[4],x[4],y[4],ln,p1,p2;
9      int n, i,j;
10
11     a=0.; b=3.;
12     pi=3.141592654;
13     n=3; xa=3.5;
14
15     for(i=0; i<=n; i=i+1){                          // Chebyshev nodes
16         t[i] = cos( (2*i+1)/(2*n+2.)*pi );
17     }
18
19     for(i=0; i<=n; i=i+1){
20         x[i] = ( (b-a)*t[i] + a+b )/2.;
```

```
            y[i] = f(x[i]);
        }
//                                                          algorithm 5.1.1
        In = 0.;                                                // (5.1.6)
        for(i=0; i<=n; i=i+1){
            p1 = 1.;
            for(j=0; j<=i-1; j=j+1){
                p1 = p1 * (xa-x[j])/(x[i]-x[j]);
            }
            p2 = 1.;
            for(j=i+1; j<=n; j=j+1){
                p2 = p2 * (xa-x[j])/(x[i]-x[j]);
            }
            In = In + (p1*p2)*y[i];                             // (5.1.5)
        }
//                                                          print output
        printf("C(x) = %.12lf at x = %lf ₩n", In, xa);

}

Output :
C(x) = 101.098239761695 at x = 3.500000
```

6장.

프로그램 6.1.1

수치적분을 중간점 법칙으로 구하는 알고리즘 6.1.1을 프로그램으로 작성한다.

예제 6.1.2에서 다룬 함수의 적분을 구하는 프로그램을 작성하면 아래의 프로그램 6.2.1과 같다.

input은 a, b, n 이고, output은 식 (6.1.5)에서 주어진 값이다. 함수 $f(x)$는 macro 함수를 사용하여 표현하였다(5행). 그리고 소구간을 구한 다음(13-16행), 식 (6.1.5)로 수치적분 값을 계산한다(18-22행). 계산 결과는 output 블록에 주어져 있다.

C 프로그램 6.1.1 중간점 법칙

```
// algorithm611.c - midpoint rule
#include <stdio.h>
#include <math.h>
#include <stdlib.h>

#define f(x) ( 1./x )

void main(){
    double a, b, h, y[3],s,mn;
    int n, j;

    a=1.; b=2.; n=2;

    h = (b-a)/n;
    for(j=1; j<=n; j=j+1){                              // (6.1.4)
        y[j] = a + (j-0.5)*h;
    }

    s = 0.;                                              // (6.1.5)
    for(j=1; j<=n; j=j+1){
        s = s + f(y[j]);
    }
    mn=h*s;
//                                                       print output
    printf("midpoint rule : %lf ₩n", mn);

}

Output :
midpoint rule : 0.685714
```

프로그램 6.2.1

사다리꼴 법칙으로 적분을 구하는 알고리즘 6.2.1을 프로그램으로 작성한다.

예제 6.2.2에서 다룬 함수의 적분을 구하는 프로그램을 작성하면 아래의 프로그램 6.2.1과 같다.

input은 a, b, n 이고, output은 식 (6.2.3)에서 주어진 값이다. 함수 $f(x)$

는 macro 함수를 사용하여 표현하였다(5행). 그리고 소구간을 구한 다음 (13−16행), 식 (6.2.3)으로 수치적분값을 계산한다(18−22행). 계산 결과는 output 블록에 주어져 있다.

C 프로그램 6.2.1 사다리꼴 법칙

```
0  // algorithm621.c - trapezoidal rule
1  #include <stdio.h>
2  #include <math.h>
3  #include <stdlib.h>
4
5  #define f(x) ( 1./x )
6
7  void main(){
8      double a, b, h, x[3],s,tn;
9      int n, j;
10
11     a=1.; b=2.; n=2;
12
13     h=(b-a)/n;
14     for(j=0; j<=n; j=j+1){                          // (6.2.2)
15         x[j] = a + j*h;
16     }
17
18     s = 0.;                                         // (6.2.3)
19     for(j=1; j<=n-1; j=j+1){
20         s = s + f(x[j]);
21     }
22     tn = h * ( s+(f(x[0])+f(x[n]))/2. );
23 //                                                  print output
24     printf("trapezoidal rule : %lf ₩n", tn);
25
26 }

   Output :
   trapezoidal rule : 0.708333
```

프로그램 6.3.1

Simpson 법칙으로 적분을 구하는 알고리즘 6.3.1을 프로그램으로 작성한다.

예제 6.3.1에서 다룬 함수의 적분을 구하는 프로그램을 작성하면 아래의 프로그램 6.3.1과 같다.

input은 a, b, n 이고, output은 식 (6.3.6)에서 주어진 값이다. 함수 $f(x)$ 는 macro 함수를 사용하여 표현하였다(5행). 그리고 소구간을 구한 다음 (19-22행), 식 (6.3.6)으로 수치적분값을 계산한다(24-32행). 계산 결과는 output 블록에 주어져 있다.

C 프로그램 6.3.1 Simpson 법칙

```
0  // algorithm631.c - Simpson's rule
1  #include <stdio.h>
2  #include <math.h>
3  #include <stdlib.h>
4  
5  #define f(x) ( 1./x )
6  
7  void main(){
8      double a, b, h, x[3],s1,s2,sn;
9      int n, j,m;
10 
11     a=1.; b=2.; n=2;
12 
13     m = n - n/2*2;
14     if( m != 0 ){
15         printf("n is not even ₩n");
16         exit(0);
17     }
18 
19     h=(b-a)/n;
20     for(j=0; j<=n; j=j+1){
21         x[j] = a + j*h;
22     }
23 
24     s1 = 0.;                                        // (6.3.6)
25     for(j=1; j<=n-1; j=j+2){
26         s1 = s1 + f(x[j]);
27     }
28     s2 = 0.;
29     for(j=2; j<=n-2; j=j+2){
30         s2 = s2 + f(x[j]);
```

```
    }
    sn = h * ( f(x[0]) + 4*s1 + 2*s2 + f(x[n]) )/3.;
//                                                      print output
    printf("Simpson's rule : %lf ₩n", sn);

}

Output :
Simpson's rule : 0.694444
```

프로그램 6.4.1

Gauss 수치적분을 기술한 알고리즘 6.4.1을 프로그램으로 작성한다.

예제 6.4.2에서 다룬 함수의 적분을 구하는 프로그램을 작성하면 아래의 프로그램 6.4.1과 같다.

input은 a, b, n 과 x_i, w_i 이고, output은 식 (6.4.9)에서 주어진 값이다. 함수 $f(x)$ 는 macro 함수를 사용하여 표현하였다(5행). 계산 결과는 output 블록에 주어져 있다.

C 프로그램 6.4.1 Gauss 수치적분

```
0  // algorithm641.c - Gauss quadrature(f(x), [a,b])
1  #include <stdio.h>
2  #include <math.h>
3  #include <stdlib.h>
4
5  #define f(x) ( exp(-x*x/2.)/sqrt(2*3.141592654) )
6
7  void main(){
8      double a, b, w[3], x[3], s,t[3],gn;
9      int n, j;
10
11     a=0.; b=2.; n=2;
12
13     w[1] = 1.;          w[2] = 1.;
14     x[1] = -1./sqrt(3); x[2] = 1./sqrt(3);
15
16     s = 0.;                                          // (6.4.9)
17     for(j=1; j<=n; j=j+1){
18         t[j] = ( (b-a)*x[j]+a+b )/2.;          // (6.4.7)
```

```
        s = s + w[j]*f(t[j]);
    }
    gn = s * (b-a)/2.;
//                                                    print output
    printf("Gauss quadrature : %lf ₩n", gn);

}

Output :
Gauss quadrature : 0.479840
```

7장.

프로그램 7.2.1

자연3차 Spline 함수에서의 미지수를 구하는 알고리즘 6.4.1을 프로그램으로 작성한다.

예제 7.2.1에서 자연3차 Spline 함수는 식 (7.2.4)이다.

$$s_i(x) = \frac{(x_{i+1}-x)^3 m_i + (x-x_i)^3 m_{i+1}}{6h_i} + \frac{(x_{i+1}-x)y_i + (x-x_i)y_{i+1}}{h_i}$$
$$- \frac{h_i[(x_{i+1}-x)m_i + (x-x_i)m_{i+1}]}{6}, \quad x_i \le x \le x_{i+1}$$

이 식에서 미지수 m_i는 식 (7.2.6) 또는 식 (7.2.7)로부터 얻는다.

$$h_{i-1}m_{i-1} + 2(h_{i-1}+h_i)m_i + h_i m_{i+1} = 6\left(\frac{y_{i+1}-y_i}{h_i} - \frac{y_i - y_{i-1}}{h_{i-1}}\right), \quad i = 1, 2, \cdots, n-1$$

$$\text{식 (7.2.7)}: \ Am = d$$

이 값을 구하는 프로그램을 작성하면 아래의 프로그램 7.2.1과 같다.

input은 x_i, y_i, n이고, output은 식 (7.2.7)로부터 구한다.

먼저 주어진 값으로 h_i를 구한 다음(11-13행), 삼각대각행렬인 계수행렬 A의대각원소 a_i, b_i, c_i와 우변의 벡터 d를 계산한다(14-23행). 이러한 삼각대각행렬을 다룬 알고리즘 4.4.2를 이용하면, 미지수 m_i를 쉽게 구할 수 있다.

계산 결과는 output 블록에 주어져 있다. 이 값을 식 (7.2.4)에 대입하면 자연3차 Spline 함수를 구하게 된다.

C 프로그램 7.2.1 Spline 함수

```
// algorithm721.c - Spline function
#include <stdio.h>
#include <math.h>
#include <stdlib.h>

void main(){
    double x[4] = {1.0, 2.0, 3.0, 4.0};
    double y[4] = {2.0, 1.0, 2.0, 3.0}, h[4];
    int n=3, i,ier;
    double a[2],b[2],c[2],d[2];

    for(i=0; i<=n-1; i=i+1){
        h[i] = x[i+1] - x[i];
    }
    for(i=1; i<=n-1; i=i+1){
        d[i-1] = 6*( (y[i+1]-y[i])/h[i] - (y[i]-y[i-1])/h[i-1] );
    }
    for(i=1; i<=n-2; i=i+1){
        c[i-1] = h[i];
        a[i]= h[i];
    }
    for(i=1; i<=n-1; i=i+1){
        b[i-1] = 2*(h[i-1]+h[i]);
    }

    n=n-1; a[0]=0.; c[n-1]=0.;
//                                                          algorithm 4.4.2
/*
input  : A(i,i-1)=a[i-1], i=2,3,...,n     - sub-diagonal
         A(i,i)  =b[i-1], i=1,2,...,n     - the main diagonal
         A(i,i+1)=c[i-1], i=1,2,...,n-1   - sup-diagonal
                  d[i-1], i=1,2,...,n     - right part
                  n = the order of the linear system
output : x[i]=d[i] roots
         ier=0 : satisfactory result
         ier=1 : a zero pivot element was encountered.
*/
    for(i=1; i<n; i=i+1){
```

```
        if( b[i-1] == 0. ){
            ier = 1;
            printf("ier = %d ₩n", ier);
            exit(0);
        }
        a[i] = a[i]/b[i-1];
        b[i] = b[i] - a[i]*c[i-1];
    }
    if( b[n-1] == 0. ){
        ier = 2;
        printf("ier = %d ₩n", ier);
        exit(0);
    }
//                                  forward substitution
    for(i=1; i<n; i=i+1){
        d[i] = d[i] - a[i]*d[i-1];
    }
//                                  back substitution
    d[n-1] = d[n-1]/b[n-1];
    for(i=n-2; i>=0; i=i-1){
        d[i] = ( d[i]-c[i]*d[i+1] )/b[i];;
    }
    ier = 0;
//                                                    print output
    printf("x[] =");
    for(i=0; i<n; i=i+1){
        printf(" %lf ", d[i]);
    }
    printf("₩n ier = %d ₩n", ier);

}

Output :
x[] = 3.200000  -0.800000
ier = 0
```

부록-2

미적분학 개요

여기서는 기본적으로 알고 있어야 하는 미적분학의 기초적 개념을 간략하게 정리하고자 한다.

1. 극한과 연속

정의 1.1 (극한)

함수 f가 점 a를 포함하는 어떤 개구간에서 정의되었다고 가정한다. 단, a에서는 정의되지 않아도 무방하다. 적당한 실수 L이 존재하여 명제

임의의 실수 $\varepsilon > 0$에 대하여 $0 < |x-a| < \delta$인 모든 x에 대하여 $|f(x)-L| < \varepsilon$인 실수 $\delta > 0$가 존재한다.

를 만족하면, $x=a$에서의 f의 극한값(limit)은 L이라고 한다. 그리고 이것은 다음 기호로 나타낸다.

$$\lim_{x \to a} f(x) = L$$

정의 1.2 (연속)

함수 f가 점 a를 포함하는 적당한 개구간에서 정의된다고 가정한다.

$$\lim_{x \to a} f(x) = f(a)$$

를 만족하면, f는 $x=a$에서 연속(continuous)이라고 한다. 함수 f가 구간 I 내의 모든 점에서 연속이면 f는 I 위에서 연속(continuous on I)이라고 하며 f를 I 위에서 정의된 연속함수(continuous function)라고 한다.

집합 I 위에서 연속인 모든 함수의 집합을 $C(I)$라고 표기한다. I가 구간일 때, 즉, $I=[a,b]$이면 $C[a,b]$를 사용한다.

정의 1.3 (수렴)

$\{x_n\}_{n=1}^{\infty}$를 무한수열이라고 하자. 적당한 실수 L이 존재하여 명제

임의의 실수 $\varepsilon>0$에 대하여 $n>N$인 모든 n에 대하여
$|x_n-L|<\varepsilon$인 자연수 N이 존재한다.

를 만족하면, 수열 $\{x_n\}_{n=1}^{\infty}$은 L에 수렴한다(converge to L)라고 한다. 그리고 이것은 기호

$$\lim_{n\to\infty} x_n = L \text{ 또는 } n\to\infty \text{ 일 때 } x_n \to L$$

로 나타낸다.

다음은 함수의 연속성 개념과 수렴하는 수열의 개념 사이의 관계를 기술한다.

정리 1.1

함수 f는 I 위에서 정의되고, $a\in I$ 이라고 가정하자. 그러면 다음 두 명제는 동치이다.

(1) f는 a에서 연속이다.

(2) 만약 $\lim_{n\to\infty} x_n = a$이면 $\lim_{n\to\infty} f(x_n)=f(a)$이다.

정리 1.2 (중간값 정리 : intermediate value theorem)

함수 f 가 폐구간 $[a,b]$ 에서 연속이고, k 는 $f(a)$ 와 $f(b)$ 사이에 있는 임의의 실수라고 가정하자. 그러면 $f(c)=k$ 인 점 c 가 구간 (a,b) 내에 적어도 하나 존재한다.

예제 1

구간 $[-2,1]$ 에서 함수 $f(x)=2x^3+x^2+2$ 는 연속이다. 한편 $f(-2)=-8$, $f(1)=5$ 이므로 0 은 $f(-2)<0<f(1)$ 이다. 따라서 중간값 정리에 의하여 $f(c)=0$ 을 만족하는 점 c 가 구간 $(-2,1)$ 내에 존재한다. 즉, $f(x)=0$ 의 실근 c 가 존재한다. $[-2,1]$ 위에서 $f(x)=0$ 의 해는 $c=-1.197429$ 이다.

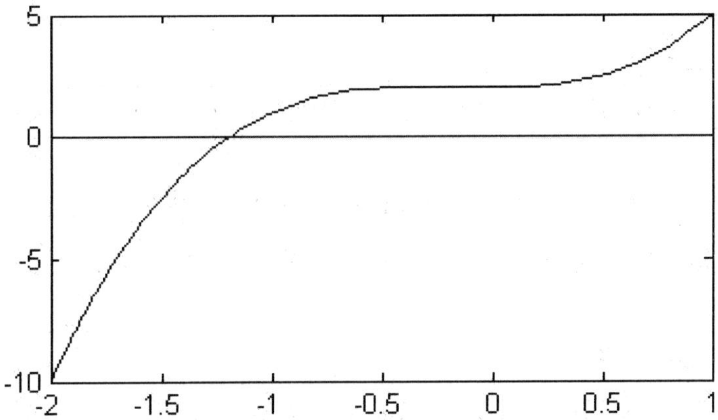

그림 1 중간값 정리($f(x)=2x^3+x^2+2, -2\le x\le -1$)

2. 미분가능 함수

정의 1.4 (미분가능)

함수 f 가 점 a 를 포함하는 어떤 개구간에서 정의되었다고 가정한다. 극한

$$\lim_{x\to a}\frac{f(x)-f(a)}{x-a}$$

가 존재하면, f 는 $x=a$ 에서 미분가능(differentiable)하다고 한다. 이

극한값을 $x=a$ 에서의 f 의 미분계수(differential coefficient)라고 하며, $f'(a)$ 로 나타낸다.

특히, 함수 f 가 구간 I 내의 모든 점에서 미분가능할 때, f 는 구간 I 위에서 미분가능하다라고 하며, 이때의 함수 f' 을 f 의 도함수(derivative of f)라고 한다. 그리고 미분계수 $f'(a)$ 는 곡선 $y=f(x)$ 위의 점 $(a, f(a))$ 에서의 접선의 기울기가 된다.

다음은 함수의 미분가능성과 연속성 사이의 관계를 기술한다.

정리 1.3

함수 f 가 점 $x=a$ 에서 미분가능하면, f 는 그 점에서 연속이다.

이제 미분학에서 중요한 정리중의 하나인 평균값 정리를 살펴보고자 한다. 먼저 평균값 정리를 이해하는데 필요한 성질을 보자.

정리 1.4 (Rolle 정리)

함수 f 가 폐구간 $[a,b]$ 에서 연속이고, 개구간 (a,b) 에서 미분가능하다고 가정하자. 만약 $f(a)=f(b)$ 이면, $f'(c)=0$ 인 점 c 가 구간 (a,b) 내에 적어도 하나 존재한다.

정리 1.5 (평균값 정리 : mean value theorem)

함수 f 가 폐구간 $[a,b]$ 에서 연속이고, 개구간 (a,b) 에서 미분가능하다고 가정하자.

$$f'(c)=\frac{f(b)-f(a)}{b-a}$$

를 만족하는 점 c 가 구간 (a,b) 내에 적어도 하나 존재한다.

예제 2

구간 $[-2,2]$ 에서 함수 $f(x)=x^2+x$ 는 연속이고 $(-2,2)$ 에서 미분가능하다. 따라서 평균값정리에 의하여,

$$f'(c)=\frac{f(2)-f(-2)}{2-(-2)}=\frac{6-2}{4}=1$$

을 만족하는 c 가 $(-2,2)$ 내에 존재한다. 그리고 $f'(x)=2x+1$ 이므로 방정식 $f'(c)=2c+1=1$ 를 풀면 $c=0$ 이 된다.

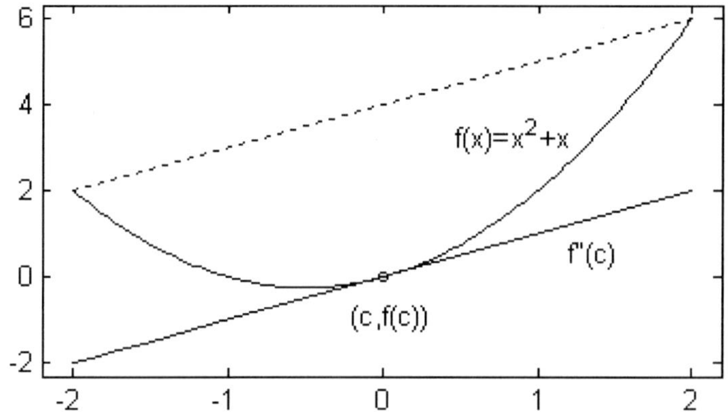

그림 2 평균값 정리($f(x)=x^2+x,-2\le x\le 2$)

정리 1.6 (일반화된 Rolle 정리)

함수 f 가 폐구간 $[a,b]$ 에서 연속이고, 개구간 (a,b) 에서 n 차 도함수를 갖는다고 가정하자. 구간 $[a,b]$ 내에 있는 서로 다른 $(n+1)$ 개의 점 $c_0,c_1,\cdots,c_n$ 에서 f 의 함숫값이 0 이라고 하면, $f^{(n)}(c)=0$ 인 점 c 가 (a,b) 내에 적어도 하나 존재한다.

3. 적분

정리 1.7 (기본정리 1)

함수 f 가 폐구간 $[a,b]$ 에서 연속이고, F 가 $[a,b]$ 에서 f 의 역도함수이면

$$\int_a^b f(x)dx = F(b) - F(a)\ ,\quad F'(x) = f(x)$$

이다.

예제 3

다음 적분을 계산한다고 하자.

$$\int_2^3 x^2 dx$$

여기서 $f(x) = x^2$ 이고 $F(x) = x^2/3$ 이다. 그러므로

$$\int_2^3 x^2 dx = F(3) - F(2) = \frac{27}{3} - \frac{8}{3} = \frac{19}{3}$$

정리 1.8 (기본정리 2)

함수 f 가 폐구간 $[a,b]$ 에서 연속이다고 하자. $a \le c \le b$ 이면 $[a,b]$ 내의 모든 x 에 대하여

$$\frac{d}{dx}\int_a^x f(t)dt = f(x)$$

이다.

예제 4

다음을 계산한다고 하자.

$$\frac{d}{dx}\int_0^x t^2 dt$$

여기서 $f(t) = t^2$ 이고 $F(t) = t^2/3$ 이다. 그러므로

$$\frac{d}{dx}\int_0^x t^2 dt = \frac{d}{dx}F(x) - \frac{d}{dx}F(0) = \frac{d}{dx}\frac{x^3}{3} = x^2$$

정리 1.9 (적분의 평균값 정리 : mean value theorem for integrals)

함수 f 가 폐구간 $[a,b]$ 에서 연속이고, $g(x)$ 는 $[a,b]$ 에서 적분가능하다

고 가정하자. $g(x) \ge 0$ 이면

$$\int_a^b f(x)g(x)dx = f(c)\int_a^b g(x)dx$$

를 만족하는 점 c가 (a,b) 내에 적어도 하나 존재한다.
특히, $g(x)=1$이면

$$\int_a^b f(x)dx = f(c)(b-a)$$

가 성립한다. 여기서 c는 (a,b) 내의 임의의 수이다.

이 성질은 폐구간 $[a,b]$ 에서 $f(x) \ge 0$ 인 함수에 대하여 $x=a$, $x=b$, $y=f(x)$ 와 x 축으로 둘러싸인 부분의 면적이 밑면의 길이가 $(b-a)$ 이고 높이가 $f(c)$ 인 사각형의 면적과 같아지는 점 c 가 (a,b) 내에 적어도 하나 존재한다는 것을 의미한다.

예제 5

함수 $f(x)=x^2$ 은 구간 $[0,1]$ 위에서 적분의 평균값 정리의 가정을 만족한다.

$$\int_0^1 x^2 dx = \left.\frac{x^3}{3}\right|_0^1 = \frac{1}{3}$$

이다. 따라서 $\frac{1}{3} = f(c)(1-0) = c^2$ 로부터 $c = \frac{1}{\sqrt{3}}$ 이다.

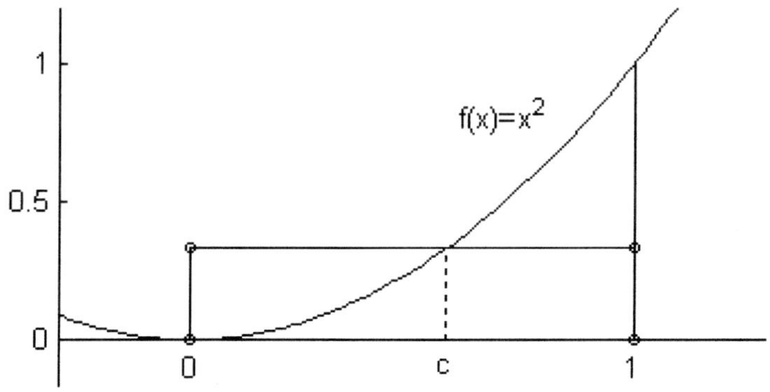

그림 3 적분의 평균값 정리($f(x)=x^2, 0 \le x \le 1$)

부록-3

수학 공식

여기서는 계산에 광범위하게 사용되는 가장 기본적인 수학 공식을 나타내었다.

1. 2차 방정식의 근

2 차 방정식 $ax^2+bx+c=0$, $a\neq 0$ 의 근

$$x=\frac{-b\pm\sqrt{b^2-4ac}}{2a}=\frac{2c}{-b\mp\sqrt{b^2-4ac}} \quad \text{또는} \quad x_1=\frac{-b-sign(b)\sqrt{d}}{2a},\ x_2=\frac{c}{ax_1}$$

2. 계승

$$0!=1$$

$$n!=(n-1)!\cdot n=(1)(2)\cdots(n-2)(n-1)n,\quad n\geq 1$$

3. 합

$$\sum_{k=1}^{n}k=1+2+3+\cdots+n=\frac{n(n+1)}{2}$$

$$\sum_{k=1}^{n}k^2=1+4+9+\cdots+n^2=\frac{n(n+1)(2n+1)}{6}$$

$$\sum_{k=0}^{n} r^k = 1 + r + r^2 + \cdots + r^n = \frac{r^{n+1} - 1}{r - 1}, \quad r \neq 1$$

$$(a+b)^n = \sum_{k=0}^{n} \binom{n}{k} a^{n-k} b^k = \binom{n}{0} a^n + \binom{n}{1} a^{n-1} b + \binom{n}{1} a^{n-2} b^2 + \cdots + \binom{n}{n} b^n$$

여기서 $\binom{n}{k} = \dfrac{n!}{k!(n-k)!}$.

4. 미분

$[cf(x)]' = cf'(x)$, $c =$ 임의의 상수

$$[f(x) \pm g(x)]' = f'(x) \pm g'(x)$$

$$[f(x)g(x)]' = f(x)g'(x) + f'(x)g(x)$$

$$\left[\frac{f(x)}{g(x)}\right]' = \frac{f'(x)g(x) - f(x)g'(x)}{[g(x)]^2}, \quad g(x) \neq 0$$

$$[f(g(x))]' = f'(g(x)) \cdot g'(x)$$

$$\frac{d}{dx}(x^n) = nx^{n-1}, \quad n \neq 0$$

5. 적분

$$\int_a^b f(x)dx = -\int_b^a f(x)dx$$

$\int_a^b cf(x)dx = c\int_a^b f(x)dx$, $c =$ 임의의 상수

$$\int_a^b [f(x) \pm g(x)]dx = \int_a^b f(x)dx \pm \int_a^b g(x)dx$$

$$\int_a^b f(x)dx = \int_a^c f(x)dx + \int_c^b f(x)dx$$

$$\int_a^b f(g(x))g'(x)dx = \int_{g(a)}^{g(b)} f(t)dt$$

$$\int_a^b f(x)'g(x)dx = [f(x)g(x)]_a^b - \int_a^b f(x)g(x)'dx$$

$$\int x^n dx = \frac{x^{n+1}}{n+1} + c, \quad n \neq 1$$

6. 지수

$$\sqrt[p]{x} = x^{\frac{1}{p}}, \quad \frac{1}{x^q} = x^{-q}$$

$$x^p \cdot x^q = x^{p+q}, \quad \frac{x^p}{x^q} = x^{p-q}, \quad (x^p)^q = x^{pq}, \quad (xy)^p = x^p y^p$$

$$\frac{d}{dx}x^p = px^{p-1}, \quad \frac{d}{dx}a^x = a^x \ln(a), \quad \frac{d}{dx}x^x = [1+\ln(x)]x^x$$

$$\int x^p dx = \frac{x^{p+1}}{p+1} + c, \quad \int a^x dx = \frac{a^x}{\ln(a)} + c$$

7. 지수함수

$$e^x e^y = e^{x+y}, \quad e^x / e^y = e^{x-y}, \quad a^x = e^{x \log a}, \; a > 0$$

$$(e^x)^p = e^{px}, \quad \sqrt[p]{e^x} = e^{x/p}$$

$$\frac{d}{dx}e^x = e^x, \quad \frac{d}{dx}e^{ax} = ae^{ax}, \quad \frac{d^n}{dx^n}e^{ax} = a^n e^{ax}$$

$$\int e^x dx = e^x + c, \quad \int e^{ax} dx = \frac{e^{ax}}{a} + c, \quad \int \cdots \int e^{ax} \underbrace{dx \cdots dx}_{n} = \frac{e^{ax}}{a^n} + c$$

8. 로그함수

$$\ln(e)=1,\ \ \ln(e^x)=x$$

$$\log_a(a)=1,\ \ \log_a(a^x)=x$$

$$\log_a(xy)=\log_a(x)+\log_a(y),\ \ \log_a\left(\frac{x}{y}\right)=\log_a(x)-\log_a(y)$$

$$\log_a(x^p)=p\log_a(x),\ \ \log_a(x)=\frac{\log_b(x)}{\log_b(a)},\ a>0$$

$$\frac{d}{dx}\ln(x)=\frac{1}{x},\ \ \frac{d^n}{dx^n}\ln(x)=(-1)^{n-1}(n-1)!x^{-n},\ \ \frac{d}{dx}\log_a(x)=\frac{1}{x\ln(a)}$$

$$\int\frac{1}{x}dx=\ln(x)+c,\ \ \int\ln(x)dx=x\ln(x)-x+c$$

$$\int x^\alpha\ln(x)dx=\frac{x^{\alpha+1}}{\alpha+1}\cdot\ln(x)-\frac{x^{\alpha+1}}{(\alpha+1)^2}+c,\ \ \alpha\neq-1$$

9. 삼각함수

$$\sin^{-1}(x)=\arcsin(x),\ \ \cos^{-1}(x)=\arccos(x),\ \ \tan^{-1}(x)=\arctan(x)$$

$$\tan(x)=\frac{\sin(x)}{\cos(x)},\ \ \cot(x)=\frac{1}{\tan(x)}=\frac{\cos(x)}{\sin(x)},\ \ \sec(x)=\frac{1}{\cos(x)},\ \ \csc(x)=\frac{1}{\sin(x)}$$

$$\sin(-\alpha)=-\sin(\alpha),\ \ \cos(-\alpha)=\cos(\alpha)$$

$$\cos^2(\alpha)+\sin^2(\alpha)=1,\ \ 1+\tan^2(\alpha)=\sec^2(\alpha)$$

$$\sin(\alpha\pm\beta)=\sin(\alpha)\cos(\beta)\pm\cos(\alpha)\sin(\beta)$$

$$\cos(\alpha\pm\beta)=\cos(\alpha)\cos(\beta)\mp\sin(\alpha)\sin(\beta)$$

$$\tan(\alpha\pm\beta)=\frac{\tan(\alpha)\pm\tan(\beta)}{1\mp\tan(\alpha)\tan(\beta)}$$

$$\sin(2\alpha)=2\sin(\alpha)\cos(\alpha)$$

$$\cos(2\alpha)=\cos^2(\alpha)-\sin^2(\alpha)=2\cos^2(\alpha)-1=1-2\sin^2(\alpha)$$

$$\tan(2\alpha) = \frac{2\tan(\alpha)}{1-\tan^2(\alpha)}$$

$$\sin^2(\alpha) = \frac{1-\cos(2\alpha)}{2}, \quad \cos^2(\alpha) = \frac{1+\cos(2\alpha)}{2}$$

$$\sin(\alpha) \pm \sin(\beta) = 2\sin\left(\frac{\alpha \pm \beta}{2}\right)\cos\left(\frac{\alpha \mp \beta}{2}\right)$$

$$\cos(\alpha) + \cos(\beta) = 2\cos\left(\frac{\alpha + \beta}{2}\right)\cos\left(\frac{\alpha - \beta}{2}\right)$$

$$\cos(\alpha) - \cos(\beta) = -2\sin\left(\frac{\alpha + \beta}{2}\right)\sin\left(\frac{\alpha - \beta}{2}\right)$$

$$\sin^{-1}(x) + \cos^{-1}(x) = \frac{\pi}{2}$$

$$\tan^{-1}(x) = \frac{\pi}{2} - \tan^{-1}\left(\frac{1}{x}\right), \quad x > 0$$

$$\frac{d}{dx}\sin(x) = \cos(x), \quad \frac{d}{dx}\cos(x) = -\sin(x), \quad \frac{d}{dx}\tan(x) = \sec^2(x)$$

$$\frac{d}{dx}\cot(x) = -\csc^2(x), \quad \frac{d}{dx}\sec(x) = \sec(x)\tan(x)$$

$$\frac{d}{dx}\sin^{-1}(x) = \frac{1}{\sqrt{1-x^2}}, \quad \frac{d}{dx}\cos^{-1}(x) = \frac{-1}{\sqrt{1-x^2}}, \quad \frac{d}{dx}\tan^{-1}(x) = \frac{1}{1+x^2}$$

$$\int \sin(x)dx = -\cos(x) + c, \quad \int \cos(x)dx = \sin(x) + c$$

$$\int \tan(x)dx = \log|\sec(x)| + c, \quad \int \sec(x)dx = \log|\sec(x) + \tan(x)| + c$$

$$\int \sec^2(x)dx = \tan(x) + c, \quad \int \sec(x)\tan(x)dx = \sec(x) + c, \quad \int \csc^2(x)dx = -\cot(x) + c$$

$$\int \sin^2(x)dx = \frac{x}{2} - \frac{\sin(2x)}{4} + c, \quad \int \cos^2(x)dx = \frac{x}{2} + \frac{\sin(2x)}{4} + c$$

$$\int \frac{1}{x^2 + a^2}dx = \frac{1}{a}\tan^{-1}\left(\frac{x}{a}\right) + c, \quad \int \frac{1}{\sqrt{a^2 - x^2}}dx = \sin^{-1}\left(\frac{x}{a}\right) + c$$

1장 연습문제

1-1 다음 함수 $f(x)$에 대하여 1차, 2차, 3차 Taylor 다항식을 구하시오
n차 Taylor 다항식 $P_n(x)$은 다음과 같다.

$$P_n(x) = \sum_{j=0}^{n} \frac{f^{(j)}(c)}{j!}(x-c)^j$$
$$= f(c) + f'(c)(x-c) + \frac{f''(c)}{2}(x-c)^2 + \frac{f^{(3)}(c)}{3!}(x-c)^3 + \cdots$$

(1) $f(x) = \ln(x), \quad c = 1$

	$c=1$
$f(x) = \ln(x),$	$f(1) = 0$
$f'(x) = x^{-1},$	$f'(1) = 1$
$f''(x) = -x^{-2},$	$f''(1) = -1$
$f^{(3)}(x) = 2x^{-3},$	$f^{(3)}(1) = 2$

이므로 Taylor 다항식은 각각 다음과 같다.

$$P_1(x) = f(c) + f'(c)(x-c) = x-1$$

$$P_2(x) = f(c) + f'(c)(x-c) + \frac{f''(c)}{2}(x-c)^2 = (x-1) - \frac{1}{2}(x-1)^2$$

$$P_3(x) = f(c) + f'(c)(x-c) + \frac{f''(c)}{2}(x-c)^2 + \frac{f^{(3)}(c)}{3!}(x-c)^3$$
$$= (x-1) - \frac{1}{2}(x-1)^2 + \frac{1}{3}(x-1)^3$$

(2) $f(x) = \sqrt{x}, \quad c = 1$

	$c=1$
$f(x) = \sqrt{x},$	$f(1) = 1$
$f'(x) = (1/2)x^{-1/2},$	$f'(1) = 1/2$
$f''(x) = (-1/4)x^{-3/2},$	$f''(1) = -1/4$
$f^{(3)}(x) = (3/8)x^{-5/2},$	$f^{(3)}(1) = 3/8$

이므로 Taylor 다항식은 각각 다음과 같다.

$$P_1(x) = 1 + \frac{1}{2}(x-1)$$

$$P_2(x) = 1 + \frac{1}{2}(x-1) - \frac{1}{8}(x-1)^2$$

$$P_3(x) = 1 + \frac{1}{2}(x-1) - \frac{1}{8}(x-1)^2 + \frac{1}{16}(x-1)^3$$

(3) $f(x) = \sqrt{1+x}, \quad c = 0$

	$c = 0$
$f(x) = \sqrt{1+x},$	$f(0) = 1$
$f'(x) = (1/2)(1+x)^{-1/2},$	$f'(0) = 1/2$
$f''(x) = (-1/4)(1+x)^{-3/2},$	$f''(0) = -1/4$
$f^{(3)}(x) = (3/8)(1+x)^{-5/2},$	$f^{(3)}(0) = 3/8$

이므로 Taylor 다항식은 각각 다음과 같다.

$P_1(x) = 1 + \frac{1}{2}x$, $P_2(x) = 1 + \frac{1}{2}x - \frac{1}{8}x^2$, $P_3(x) = 1 + \frac{1}{2}x - \frac{1}{8}x^2 + \frac{1}{16}x^3$

(4) $f(x) = (1-x)^{-1}, \quad c = 0$

	$c = 0$
$f(x) = (1-x)^{-1},$	$f(0) = 1$
$f'(x) = (1-x)^{-2},$	$f'(0) = 1$
$f''(x) = 2!(1-x)^{-3},$	$f''(0) = 2!$
$f^{(3)}(x) = 3!(1-x)^{-4},$	$f^{(3)}(0) = 3!$

이므로 Taylor 다항식은 각각 다음과 같다.

$P_1(x) = 1 + x$, $P_2(x) = 1 + x + x^2$, $P_3(x) = 1 + x + x^2 + x^3$

(5) $f(x) = 1/(1+x)^2, \quad c = 0$

	$c = 0$
$f(x) = (1+x)^{-2},$	$f(0) = 1$
$f'(x) = -2(1+x)^{-3},$	$f'(0) = -2$
$f''(x) = 3!(1+x)^{-4},$	$f''(0) = 3!$

$f^{(3)}(x) = -4!(1+x)^{-5}, \quad f^{(3)}(0) = -4!$

이므로 Taylor 다항식은 각각 다음과 같다.

$P_1(x) = 1-2x$, $P_2(x) = 1-2x+3x^2$, $P_3(x) = 1-2x+3x^2-4x^3$

(6) $f(x) = 6+5x+4x^2+3x^3+4x^4+7x^5, \quad c=0$

	$c=0$
$f(x) = 6+5x+4x^2+3x^3+4x^4+7x^5,$	$f(0) = 6$
$f'(x) = 5+8x+9x^2+16x^3+35x^4,$	$f'(0) = 5$
$f''(x) = 8+18x+48x^2+140x^3,$	$f''(0) = 8$
$f^{(3)}(x) = 18+96x+420x^2,$	$f^{(3)}(0) = 18$

이므로 Taylor 다항식은 각각 다음과 같다.

$P_1(x) = 6+5x$, $P_2(x) = 6+5x+4x^2$, $P_3(x) = 6+5x+4x^2+3x^3$

(7) $f(x) = \cos(x), \quad c=0$

	$c=0$
$f(x) = \cos(x),$	$f(0) = 1$
$f'(x) = -\sin(x),$	$f'(0) = 0$
$f''(x) = -\cos(x),$	$f''(0) = -1$
$f^{(3)}(x) = \sin(x),$	$f^{(3)}(0) = 0$

이므로 Taylor 다항식은 각각 다음과 같다.

$P_1(x) = 1$, $P_2(x) = 1-\frac{1}{2}x^2$, $P_3(x) = 1-\frac{1}{2}x^2$

(8) $f(x) = e^{x^2}, \quad c=0$

	$c=0$
$f(x) = e^{x^2},$	$f(0) = 1$
$f'(x) = 2xe^{x^2},$	$f'(0) = 0$
$f''(x) = 2e^{x^2}+4x^2e^{x^2},$	$f''(0) = 2$
$f^{(3)}(x) = 12xe^{x^2}+8x^3e^{x^2},$	$f^{(3)}(0) = 0$

이므로 Taylor 다항식은 각각 다음과 같다.

$P_1(x) = 1$, $P_2(x) = 1+x^2$, $P_3(x) = 1+x^2$

(9) $f(x) = e^{\cos(x)}, \quad c=0$

$$c = 0$$

$$f(x) = e^{\cos(x)}, \qquad f(0) = e$$

$$f'(x) = -\sin(x)e^{\cos(x)}, \qquad f'(0) = 0$$

$$f''(x) = -\cos(x)e^{\cos(x)} + [\sin(x)]^2 e^{\cos(x)}, \qquad f''(0) = -e$$

$$f^{(3)}(x) = \sin(x)e^{\cos(x)} + 3\sin(x)\cos(x)e^{\cos(x)} - [\sin(x)]^3 e^{\cos(x)}, \qquad f^{(3)}(0) = 0$$

이므로 Taylor 다항식은 각각 다음과 같다.

$$P_1(x) = e\,,\ \ P_2(x) = e - \frac{e}{2}x^2\,,\ \ P_3(x) = e - \frac{e}{2}x^2$$

1-2 예제 1.1.3에서 $P_{10}(1)$ 과 $E_{10}(1)$ 을 구하시오. 또 이를 계산하는 프로그램을 작성하시오.

$$P_{10}(x) = 1 + 1 + \frac{1}{2!} + \frac{1}{3!} + \cdots + \frac{1}{10!} = \sum_{j=0}^{10} \frac{1}{j!} = 2.71828180115$$

$$E_{10}(1) = e^1 - P_{10}(1) = 2.71828182846\ - P_{10}(1) = 2.73 \times 10^{-8}$$

1-3 다음 적분에 대하여 아래 물음에 답하시오.

$$\int_0^x \cos(t^2)dt$$

(1) n차 Taylor 다항식을 구하시오.

먼저 $\cos(t)$의 Taylor 다항식과 나머지항은 각각 다음과 같다.

$$\cos(t) = 1 - \frac{t^2}{2!} + \frac{t^4}{4!} - \cdots + (-1)^n \frac{t^{2n}}{(2n)!}$$

$$R_n(t) = (-1)^{n+1} \frac{t^{2n+2}}{(2n+2)!}\sin(\xi)$$

위 식에서 t 대신에 t^2 을 대입한 다음, 적분을 하면 다음과 같다.

$$\int_0^x \cos(t^2)dt = \int_0^x \left(1 - \frac{t^4}{2!} + \frac{t^8}{4!} - \cdots + (-1)^n \frac{t^{4n}}{(2n)!} + R_n(t^2)\right)dt$$

$$= x - \frac{x^5}{2!5} + \frac{x^9}{4!9} - \cdots + (-1)^n \frac{x^{4n+1}}{(2n)!(4n+1)} + (-1)^{n+1} \frac{x^{4n+5}}{(2n+2)!(4n+5)}\sin(\xi)$$

따라서 적분의 n차 Taylor 다항식은 다음과 같다.

$$P_n(x) = x - \frac{x^5}{2!5} + \frac{x^9}{4!9} - \cdots + (-1)^n \frac{x^{4n+1}}{(2n)!(4n+1)}$$

(2) 최대오차가 5×10^{-7} 보다 작게 되는 다항식의 차수 n을 계산하시오.

나머지항을 살펴보면 다음과 같다.

$$\left|\int_0^x (-1)^{n+1}\frac{t^{2n+2}}{(2n+2)!}\sin(\xi)dt\right| = \left|(-1)^{n+1}\frac{x^{4n+5}}{(2n+2)!(4n+5)}\sin(\xi)\right|$$

$|\sin(\xi)|\le 1$이므로 $|x|\le 1$에 대하여 부등식

$$\frac{1}{(2n+2)!(4n+5)} \le 5\times10^{-7}$$

를 만족하는 n을 구하면 $n\ge 4$이 된다.

n	$\frac{1}{(2n+2)!(4n+5)}$
1	4.6296e-003
2	1.0684e-004
3	1.4589e-006
4	1.3123e-008

(3) $x = 0.5$인 경우 적분의 근삿값을 계산하시오.

$$P_4(x) = \sum_{j=0}^{4}(-1)^n \frac{x^{4j+1}}{(2j)!(4j+1)} = 0.49688402921,\ x{=}0.5$$

(4) $x = 0.5$인 경우 적분의 근삿값을 계산하는 프로그램을 작성하시오.

1-4 다음 적분에 대하여 아래 물음에 답하시오.

$$\frac{1}{x}\int_0^x \frac{1-\cos(t)}{t^2}dt, \quad -1\le x\le 1$$

(1) n차 Taylor 다항식을 구하시오.

먼저 $\cos(t)$의 Taylor 다항식과 나머지항은 다음과 같다.

$$\cos(t) = 1 - \frac{t^2}{2!} + \frac{t^4}{4!} - \cdots + (-1)^n \frac{t^{2n}}{(2n)!} + (-1)^{n+1}\frac{t^{2n+2}}{(2n+2)!}\cos(\xi)$$

위 식으로 먼저 $1-\cos(t)$, $\dfrac{1-\cos(t)}{t^2}$, $\int_0^x \dfrac{1-\cos(t)}{t^2}dt$ 을 계산한 다음, 적분을 구하면 다음과 같다.

$$\frac{1}{x}\int_0^x \frac{1-\cos(t)}{t^2}dt = P_n(x) + R_n(x)$$

여기서 $P_n(x) = \dfrac{1}{2!} - \dfrac{x^2}{4!3} + \dfrac{x^4}{6!5} - \cdots + (-1)^{n-1}\dfrac{x^{2n-2}}{(2n)!(2n-1)}$

$$R_n(x) = (-1)^n \frac{x^{2n}}{(2n+2)!(2n+1)}\cos(\xi)$$

따라서 적분의 n차 Taylor 다항식은 $P_n(x)$이다.

(2) 최대오차가 5×10^{-7} 보다 작게 되는 다항식의 차수 n을 계산하시오.

나머지항을 살펴보면 다음과 같다.

$$\left|(-1)^n \frac{x^{2n}}{(2n+2)!(2n+1)}\cos(\xi)\right|$$

$|\cos(\xi)| \le 1$이므로 $|x| \le 1$에 대하여 부등식

$$\frac{1}{(2n+2)!(2n+1)} \le 5\times10^{-7}$$

를 만족하는 n을 구하면 $n \ge 4$이 된다.

n	$\dfrac{1}{(2n+2)!(2n+1)}$
1	1.3889e-002
2	2.7778e-004
3	3.5431e-006
4	3.0619e-008

(3) $x=0.3$인 경우 적분의 근삿값을 계산하시오.

$$P_4(x) = \sum_{j=0}^{4}(-1)^{j-1}\frac{x^{2j-2}}{(2j)!(2j-1)} = 0.49875224742,\ x{=}0.3$$

1-5 다음 다항식을 괄호형식 형태로 나타내고, 주어진 x에서의 값 $P(x)$를 계산하시오.

(1) $P(x) = 3 - 2x + 5x^2 - 7x^3 + 3x^4 - 9x^5$, $x = 2$

$= 3 + x(-2 + x(5 + x(-7 + x(3 - 9x))))$

(2) $P(x) = 1 + x - 14x^2 + 27x^3 - 5x^4$, $x = -1$

$= 1 + x(1 + x(-14 + x(27 - 5x)))$

(3) $P(x) = 1 + 3e^x + 5e^{2x} + 7e^{3x}$, $x = 2$

$y = e^x$ 로 두면 $P(x) = 1 + 3y + 5y^2 + 7y^3 = 1 + y(3 + y(5 + 7y))$

(4) $P(x) = 1 - 3x^3 + 5x^6 + 7x^9$, $x = 3$

$y = x^3$ 로 두면 $P(x) = 1 - 3y + 5y^2 + 7y^3 = 1 + y(-3 + y(5 + 7y))$

(5) $P(x) = 1 + \frac{x^2}{2!} + \frac{x^4}{4!} + \frac{x^6}{6!} + \frac{x^8}{8!}$, $x = 2$

$y = x^2$ 로 두면

$$P(x) = 1 + \frac{y}{2!} + \frac{y^2}{4!} + \frac{y^3}{6!} + \frac{y^4}{8!} = 1 + y(\frac{1}{2!} + y(\frac{1}{4!} + y(\frac{1}{6!} + \frac{1}{8!}y)))$$

1-6 문제 1-5의 다항식을 계산하는 프로그램을 작성한 다음 다항식의 값 $P(x)$를 구하시오.

(1) $P(2) = -277$

(2) $P(-1) = -46$

(3) $P(2) = 3120.15947291166$

(4) $P(3) = 141346$

(5) $P(2) = 3.76190476190$

1-7 다음 다항식을 계산할 때 필요한 곱셈의 연산횟수와 괄호형식으로 계산할 때 필요한 곱셈의 연산횟수를 구하시오.

(1) $P(x) = 1 - 2x + 5x^2 - 4x^3 + 7x^4 - 6x^5$, 15 회

$P(x) = 1 + x(-2 + x(5 + x(-4 + x(7 - 6x))))$, 5 회

(2) $P(x) = 7 + 2x - 3x^2 + 5x^3 - 6x^4$, 10 회

$$P(x)=7+x(2+x(-3+x(5-6x))),\quad 4\text{회}$$

1-8 예제 1.2.1에서 $P(3)$을 계산하시오. 또한 괄호형식 알고리즘을 사용한 프로그램을 작성하시오.

$P(3)=1442$

2장 연습문제

2-1 다음 수를 10진수로 변환하시오.

(1) $(10101)_2=(21)_{10}$

$(10101)_2=1\times2^4+0\times2^3+1\times2^2+0\times2^1+1\times2^0=21$

(2) $(11101101)_2=(237)_{10}$

(3) $(10111.011)_2=(23.375)_{10}$

$$\begin{aligned}(10111.011)_2&=1\times2^4+0\times2^3+1\times2^2+1\times2^1+1\times2^0+0\times2^{-1}+1\times2^{-2}+1\times2^{-3}\\&=23.375\end{aligned}$$

(4) $(0.101010\cdots)_2=(0.66666\cdots)_{10}$

$$\begin{aligned}(0.101010\cdots)_2&=1\times2^{-1}+0\times2^{-2}+1\times2^{-3}+0\times2^{-4}+1\times2^{-5}+0\times2^{-6}+\cdots\\&=\frac{1}{2}\left(1+\frac{1}{2^2}+\frac{1}{2^4}+\cdots\right)=\frac{1}{2}\left(\frac{1}{1-1/2^2}\right)=\left(\frac{2}{3}\right)_{10}\\&=0.66666\cdots\end{aligned}$$

(5) $(33)_8=(27)_{10}$

$(33)_8=3\times8^1+3\times8^0=27$

(6) $(67.25)_8=(55.328125)_{10}$

$(67.25)_8=6\times8^1+7\times8^0+2\times8^{-1}+5\times8^{-2}=55.328125$

(7) $(1235.77)_8=(669.984375)_{10}$

(8) $(2B)_{16}=(43)_{10}$

$(2B)_{16}=2\times16^1+11\times16^0=43$

(9) $(C5.17)_{16}=(197.08984375)_{10}$

$(C5.17)_{16} = 12\times16^1 + 5\times16^0 + 1\times16^{-1} + 7\times16^{-2} = 197.08984375$

(10) $(.DDD)_{16} = (0.866455078125)_{10}$

$$(.DDD)_{16} = 13\times16^{-1} + 13\times16^{-2} + 13\times16^{-3}$$
$$= \frac{13}{16}\left(1+\frac{1}{16}+\frac{1}{16^2}\right) = \frac{13}{16}\left(\frac{(1/16)^3-1}{1/16-1}\right)_{10}$$
$$= 0.866455078125$$

2-2 다음 10진수를 2진수로 변환하시오

(1) $(819)_{10} = (1100110011)_2$

k	$x_k/2$	몫(x_k)	나머지(a_k)	
0	$x/2=819/2$	409	1	a_0
1	$x_0/2=409/2$	204	1	a_1
2	$x_1/2=204/2$	102	0	a_2
3	$x_2/2$	51	0	a_3
4	$x_3/2$	25	1	a_4
5	$x_4/2$	12	1	a_5
6	$x_5/2$	6	0	a_6
7	$x_6/2$	3	0	a_7
8	$x_7/2$	1	1	a_8
9	$x_8/2$	0	1	a_9

(2) $(3041)_{10} = (101111100001)_2$

(3) $(0.90625)_{10} = (0.11101)_2$

k	$2\times y_k$	소수부분(y_k)	정수부분(b_k)	
1	$2y=2\times0.90625=1.8125$	0.8125	1	b_1
2	$2y_1=2\times0.8125=1.625$	0.625	1	b_2
3	$2y_2$	0.25	1	b_3
4	$2y_3$	0.5	0	b_4
5	$2y_4$	0	1	b_5

(4) $(65.6875)_{10} = (1000001.1011)_2$

(5) $(0.1)_{10} = (0.000110011001100\cdots)_2$

2-3 다음 수를 10진수를 8진수로 변환하시오.

(1) $(25)_{10} = (31)_8$

k	$x_k / 8$	몫(x_k)	나머지(a_k)	
0	$x/8 = 25/8$	3	1	a_0
1	$x_0 / 8 = 3/8$	0	3	a_1

(2) $(77)_{10} = (115)_8$

(3) $(0.375)_{10} = (0.3)_8$

k	$8 \times y_k$	소수부분(y_k)	정수부분(b_k)	
1	$8y = 2 \times 0.375 = 3.0$	0	3	b_1

(4) $(37.1875)_{10} = (45.14)_8$

(5) $(973.875)_{10} = (1715.7)_8$

2-4 다음 수를 8진수를 2진수로 변환하시오.

(1) $(173.45)_8 = (001\ 111\ 011.100\ 101)_2 = (1111011.100101)_2$

(2) $(56.02)_8 = (101110.00001)_2$

2-5 다음 수를 16진수를 2진수로 변환하시오.

(1) $(C8.53)_{16} = (1100\ 1000.0101\ 0011)_2 = (11001000.01010011)_2$

(2) $(AB.C5D)_{16} = (10101011.110001011101)_2$

2-6 다음 수를 2진수를 16진수로 변환하시오.

(1) $(1011010011.01011)_2 = (0010\ 1101\ 0011.010\ 1100)_2 = (2D3.5C)_{16}$

(2) $(1.10101110011)_2 = (1.AE6)_{16}$

2-7 다음 수를 2진수를 8진수로 변환하시오.

(1) $(1011010011.0101)_2 = (001\ 011\ 010\ 011.010\ 100)_2 = (1323.24)_8$

(2) $(0.0101111001)_2 = (0.2744)_8$

2-8 다음 근삿값에 대하여 절대오차, 상대오차, 유효숫자의 개수를 구하시오.

(1) $x_T = 57.812094, \quad x_A = 57.821094$

절대오차 $= E(x_A) = |x_T - x_A| = |57.812094 - 57.821094| = 0.009$

상대오차 $= R(x_A) = \dfrac{|x_T - x_A|}{|x_T|} = \dfrac{0.009}{|57.812094|} = 1.5568 \times 10^{-4}$

유효숫자의 개수 = 3

(2) $x_T = 0.006985723, \quad x_A = 0.00698523$

절대오차 $= 0.000000493$, 상대오차 $= 7.057 \times 10^{-5}$, 유효숫자의 개수 = 4

(3) $x_T = \sqrt{2}, \quad x_A = 1.4143$

절대오차 $= 0.0000864376$, 상대오차 $= 6.112 \times 10^{-5}$, 유효숫자의 개수 = 4

2-9 함수 $f(x)$의 계산에서 발생하는 유효숫자의 상실 오차는 함수를 적절하게 변형하면 회피할 수도 있다. 다음 함수는 0 근방에서 수치적으로 불안정하다. 유효숫자 5자리인 10진수연산을 사용하여 $x = 10^{-3}$ 에서의 함수값을 계산하시오. 그리고 유효숫자의 상실을 회피하는 함수를 찾으시오.

(1) $f(x) = \sqrt{36 + x} - 6$

$x = 10^{-3}$ 인 경우 $36 + x = 36.001$, $\sqrt{36+x} = \sqrt{36.001} = 6.0001$ 이므로

$f(x) = \sqrt{36+x} - 6 = 6.0001 - 6 = 0.00010$

그리고 수학적으로 동치인 함수 $g(x)$는 다음과 같다.

$$f(x) = (\sqrt{36+x} - 6)\frac{\sqrt{36+x}+6}{\sqrt{36+x}+6} = \frac{x}{\sqrt{36+x}+6} = g(x)$$

$\sqrt{36+x} + 6 = 6.0001 + 6 = 12.000$ 이므로

$$g(x) = \frac{x}{\sqrt{36+x}+6} = \frac{0.001}{12.000} = 0.000083333$$

(2) $x = 10^{-3}$ 인 경우 $f(x) = \dfrac{\sqrt{x+4} - 2}{x} = 0.20000$

$$g(x) = \frac{\sqrt{x+4} - 2}{x}\frac{\sqrt{x+4}+2}{\sqrt{x+4}+2} = \frac{1}{\sqrt{x+4}+2} = 0.24999$$

(3) $x=10^{-3}$ 인 경우 $f(x)=\dfrac{1-e^{-x}}{x}=1.0000$

$1-e^{-x}\approx\sum_{j=1}^{n}(-1)^{j-1}\dfrac{x^j}{j!}$, $\dfrac{1-e^{-x}}{x}\approx\sum_{j=1}^{n}(-1)^{j-1}\dfrac{x^{j-1}}{j!}$ 이므로

$g(x)=\sum_{j=1}^{n}(-1)^{j-1}\dfrac{x^{j-1}}{j!}=0.99950$

2-10 다음 함수는 x가 아주 큰 경우 수치적으로 불안정하여 유효숫자의 상실이 발생할 수 있다. 유효숫자 5자리인 10진수연산을 사용하여 $x=10^3$ 에서의 함수 값을 계산하시오. 그리고 유효숫자의 상실을 회피하는 함수를 찾으시오.

(1) $f(x)=x-\sqrt{x^2-1}$

$x=10^3$ 인 경우 $x^2-1=0.10000\times10^7$, $\sqrt{x^2-1}=1000$ 이므로

$f(x)=x-\sqrt{x^2-1}=1000-1000=0$

그리고 수학적으로 동치인 함수 $g(x)$ 는 다음과 같다.

$$f(x)=(x-\sqrt{x^2-1})\frac{x+\sqrt{x^2-1}}{x+\sqrt{x^2-1}}=\frac{1}{x+\sqrt{x^2-1}}=g(x)$$

$x+\sqrt{x^2-1}=1000+1000=2000$ 이므로

$g(x)=\dfrac{1}{x+\sqrt{x^2-1}}=\dfrac{1}{2000}=0.00050000$

(2) $x=10^3$ 인 경우 $f(x)=\sqrt{x^2+1}-x=0$

$g(x)=(\sqrt{x^2+1}-x)\dfrac{\sqrt{x^2+1}+x}{\sqrt{x^2+1}+x}=\dfrac{1}{\sqrt{x^2+1}+x}=0.00050000$

(3) $x=10^3$ 인 경우 $f(x)=\ln(x+1)-\ln(x)=0.0010000$

$g(x)=\ln(x+1)-\ln(x)=\ln\left(\dfrac{x+1}{x}\right)=\ln\left(1+\dfrac{1}{x}\right)=0.00099950$

2-11 다음 2차 방정식 $ax^2+bx+c=0,(a\neq 0)$ 의 근을 효율적으로 구하는 방법으로 계산하시오. 유효숫자 5자리인 10진수연산을 사용한다고 가정한다.

(1) $(a,b,c)=(1, 521.25, 2)$

$d=b^2-4ac=(521.25)^2-4(1)(2)=0.27169\times 10^6$, $\sqrt{d}=521.24$ 이므로

$$x_1=\frac{-b+\sqrt{d}}{2a}=\frac{-521.25+521.24}{2}=-0.005$$

$$x_2=\frac{-b-\sqrt{d}}{2a}=\frac{-521.25-521.24}{2}=\frac{-1042.5}{2}=-521.25$$

식 (2.2.6)을 사용하여 나머지 한 근을 구하면 다음과 같다.

$$x_1=\frac{c}{ax_2}=\frac{2}{(1)(-521.25)}=-0.0038369$$

(2) $(a,b,c)=(2,-4000,1)$

$d=b^2-4ac=0.16000\times 10^8$, $\sqrt{d}=4000$ 이므로

$$x_1=\frac{-b+\sqrt{d}}{2a}=\frac{8000}{4}=2000,$$

$$x_2=\frac{-b-\sqrt{d}}{2a}=\frac{0}{4}=0$$

식 (2.2.6)을 사용하여 나머지 한 근을 구하면 다음과 같다.

$$x_2=\frac{c}{ax_1}=\frac{1}{(2)(2000)}=0.00025$$

(3) $(a,b,c)=(1,1212.2, 2)$

$d=b^2-4ac=0.14694\times 10^7$, $\sqrt{d}=1212.2$ 이므로

$$x_1=\frac{-b+\sqrt{d}}{2a}=\frac{0}{2}=0,$$

$$x_2=\frac{-b-\sqrt{d}}{2a}=\frac{-242.44}{2}=-1212.2$$

식 (2.2.6)을 사용하여 나머지 한 근을 구하면 다음과 같다.

$$x_1=\frac{c}{ax_2}=\frac{2}{(1)(-1212.2)}=-0.0016499$$

3장 연습문제

3-1 주어진 구간 $[a,b]$ 내에 있는 함수의 근을 이분법으로 구하시오. 허용오차로 $\varepsilon = 0.001$ 를 사용하시오..

(1) $f(x) = x^2 - 16$, $[a,b] = [1,6]$

n	a	b	c	$c-a$	$f(c)$
1	1	6	3.5000	2.5000	-3.7500
2	3.5000	6	4.7500	1.2500	6.5625
3	3.5000	4.7500	4.1250	0.6250	1.0156
4	3.5000	4.1250	3.8125	0.3125	-1.4648
5	3.8125	4.1250	3.9688	0.1563	-0.2490
6	3.9688	4.1250	4.0469	0.0781	0.3772
7	3.9688	4.0469	4.0078	0.0391	0.0626
8	3.9688	4.0078	3.9883	0.0195	-0.0936
9	3.9883	4.0078	3.9980	0.0098	-0.0156
10	3.9980	4.0078	4.0029	0.0049	0.0234
11	3.9980	4.0029	4.0005	0.0024	0.0039
12	3.9980	4.0005	3.9993	0.0012	-0.0059
13	3.9993	4.0005	3.9999	0.0006	-0.0010

(2) $f(x) = x^2 - 9$, $[a,b] = [-4,-1]$

n	a	b	c	$c-a$	$f(c)$
1	-4	-1	-2.5000	1.5000	-2.7500
2	-4	-2.5000	-3.2500	0.7500	1.5625
3	-3.2500	-2.5000	-2.8750	0.3750	-0.7344
4	-3.2500	-2.8750	-3.0625	0.1875	0.3789
5	-3.0625	-2.8750	-2.9688	0.0938	-0.1865
6	-3.0625	-2.9688	-3.0156	0.0469	0.0940
7	-3.0156	-2.9688	-2.9922	0.0234	-0.0468

8	-3.0156	-2.9922	-3.0039	0.0117	0.0235
9	-3.0039	-2.9922	-2.9980	0.0059	-0.0117
10	-3.0039	-2.9980	-3.0010	0.0029	0.0059
11	-3.0010	-2.9980	-2.9995	0.0015	-0.0029
12	-3.0010	-2.9995	-3.0002	0.0007	0.0015

(3) $f(x)=x^3-7$, $[a,b]=[0,5]$

n	a	b	c	$c-a$	$f(c)$
1	0	5	2.5000	2.5000	8.6250
2	0	2.5000	1.2500	1.2500	-5.0469
3	1.2500	2.5000	1.8750	0.6250	-0.4082
4	1.8750	2.5000	2.1875	0.3125	3.4675
5	1.8750	2.1875	2.0313	0.1563	1.3809
6	1.8750	2.0313	1.9531	0.0781	0.4506
7	1.8750	1.9531	1.9141	0.0391	0.0124
8	1.8750	1.9141	1.8945	0.0195	-0.2001
9	1.8945	1.9141	1.9043	0.0098	-0.0944
10	1.9043	1.9141	1.9092	0.0049	-0.0411
11	1.9092	1.9141	1.9116	0.0024	-0.0144
12	1.9116	1.9141	1.9128	0.0012	-0.0010
13	1.9128	1.9141	1.9135	0.0006	0.0057

(4) $f(x)=x^3+x-3$, $[a,b]=[0,2]$

n	a	b	c	$c-a$	$f(c)$
1	0	2	1.0000	1.0000	-1.0000
2	1.0000	2	1.5000	0.5000	1.8750
3	1.0000	1.5000	1.2500	0.2500	0.2031
4	1.0000	1.2500	1.1250	0.1250	-0.4512
5	1.1250	1.2500	1.1875	0.0625	-0.1379
6	1.1875	1.2500	1.2188	0.0313	0.0290
7	1.1875	1.2188	1.2031	0.0156	-0.0553

8	1.2031	1.2188	1.2109	0.0078	-0.0134
9	1.2109	1.2188	1.2148	0.0039	0.0078
10	1.2109	1.2148	1.2129	0.0020	-0.0028
11	1.2129	1.2148	1.2139	0.0010	0.0025

(5) $f(x)=7x^5-3x^3+5x-7$, $[a,b]=[-1,2]$

n	a	b	c	$c-a$	$f(c)$
1	-1	2	0.5000	1.5000	-4.6563
2	0.5000	2	1.2500	0.7500	14.7529
3	0.5000	1.2500	0.8750	0.3750	-1.0444
4	0.8750	1.2500	1.0625	0.1875	4.1927
5	0.8750	1.0625	0.9688	0.0938	1.0888
6	0.8750	0.9688	0.9219	0.0469	-0.0802
7	0.9219	0.9688	0.9453	0.0234	0.4765
8	0.9219	0.9453	0.9336	0.0117	0.1915
9	0.9219	0.9336	0.9277	0.0059	0.0540
10	0.9219	0.9277	0.9248	0.0029	-0.0135
11	0.9248	0.9277	0.9263	0.0015	0.0201
12	0.9248	0.9263	0.9255	0.0007	0.0033

(6) $f(x)=e^x-x-2$. $[a,b]=[0.5,2.5]$

n	a	b	c	$c-a$	$f(c)$
1	0.5	2.5	1.5000	1.0000	0.9817
2	0.5	1.5000	1.0000	0.5000	-0.2817
3	1.0000	1.5000	1.2500	0.2500	0.2403
4	1.0000	1.2500	1.1250	0.1250	-0.0448
5	1.1250	1.2500	1.1875	0.0625	0.0914
6	1.1250	1.1875	1.1563	0.0313	0.0217
7	1.1250	1.1563	1.1406	0.0156	-0.0119
8	1.1406	1.1563	1.1484	0.0078	0.0048
9	1.1406	1.1484	1.1445	0.0039	-0.0036

10	1.1445	1.1484	1.1465	0.0020	0.0006
11	1.1445	1.1465	1.1455	0.0010	-0.0015

(7) $f(x)=e^{-2x}-\sin(x)$, $[a,b]=[0,2]$

n	a	b	c	$c-a$	$f(c)$
1	0	2	1.0000	1.0000	-0.7061
2	0	1.0000	0.5000	0.5000	-0.1115
3	0	0.5000	0.2500	0.2500	0.3591
4	0.2500	0.5000	0.3750	0.1250	0.1061
5	0.3750	0.5000	0.4375	0.0625	-0.0068
6	0.3750	0.4375	0.4063	0.0313	0.0486
7	0.4063	0.4375	0.4219	0.0156	0.0206
8	0.4219	0.4375	0.4297	0.0078	0.0068
9	0.4297	0.4375	0.4336	0.0039	-0.0000
10	0.4297	0.4336	0.4316	0.0020	0.0034
11	0.4316	0.4336	0.4326	0.0010	0.0017

(8) $f(x)=\dfrac{x^2}{2}-1$, $[a,b]=[1,5]$

n	a	b	c	$c-a$	$f(c)$
1	1	5	3.0000	2.0000	3.5000
2	1	3.0000	2.0000	1.0000	1.0000
3	1	2.0000	1.5000	0.5000	0.1250
4	1	1.5000	1.2500	0.2500	-0.2188
5	1.2500	1.5000	1.3750	0.1250	-0.0547
6	1.3750	1.5000	1.4375	0.0625	0.0332
7	1.3750	1.4375	1.4063	0.0313	-0.0112
8	1.4063	1.4375	1.4219	0.0156	0.0109
9	1.4063	1.4219	1.4141	0.0078	-0.0002
10	1.4141	1.4219	1.4180	0.0039	0.0053
11	1.4141	1.4180	1.4160	0.0020	0.0026

12	1.4141	1.4160	1.4150	0.0010	0.0012

(9) $f(x)=\sqrt{2x-1}-\sqrt{x+2}$, $[a,b]=[2,5]$

n	a	b	c	$c-a$	$f(c)$
1	2	5	3.5000	1.5000	0.1043
2	2	3.5000	2.7500	0.7500	-0.0581
3	2.7500	3.5000	3.1250	0.3750	0.0274
4	2.7500	3.1250	2.9375	0.1875	-0.0141
5	2.9375	3.1250	3.0313	0.0938	0.0070
6	2.9375	3.0313	2.9844	0.0469	-0.0035
7	2.9844	3.0313	3.0078	0.0234	0.0017
8	2.9844	3.0078	2.9961	0.0117	-0.0009
9	2.9961	3.0078	3.0020	0.0059	0.0004
10	2.9961	3.0020	2.9990	0.0029	-0.0002
11	2.9990	3.0020	3.0005	0.0015	0.0001
12	2.9990	3.0005	2.9998	0.0007	-0.0001

(10) $f(x)=\cos(x)$, $[a,b]=[1,2.5]$

n	a	b	c	$c-a$	$f(c)$
1	1	2.5	1.7500	0.7500	-0.1782
2	1	1.7500	1.3750	0.3750	0.1945
3	1.3750	1.7500	1.5625	0.1875	0.0083
4	1.5625	1.7500	1.6563	0.0938	-0.0853
5	1.5625	1.6563	1.6094	0.0469	-0.0386
6	1.5625	1.6094	1.5859	0.0234	-0.0151
7	1.5625	1.5859	1.5742	0.0117	-0.0034
8	1.5625	1.5742	1.5684	0.0059	0.0024
9	1.5684	1.5742	1.5713	0.0029	-0.0005
10	1.5684	1.5713	1.5698	0.0015	0.0010
11	1.5698	1.5713	1.5706	0.0007	0.0002

(11) $f(x)=x^3-\sin(3x)$, $[a,b]=[0.5,2]$

n	a	b	c	$c-a$	$f(c)$
1	0.5	2	1.2500	0.7500	2.5247
2	0.5	1.2500	0.8750	0.3750	0.1760
3	0.5	0.8750	0.6875	0.1875	-0.5566
4	0.6875	0.8750	0.7813	0.0938	-0.2390
5	0.7813	0.8750	0.8281	0.0469	-0.0430
6	0.8281	0.8750	0.8516	0.0234	0.0637
7	0.8281	0.8516	0.8398	0.0117	0.0097
8	0.8281	0.8398	0.8340	0.0059	-0.0168
9	0.8340	0.8398	0.8369	0.0029	-0.0036
10	0.8369	0.8398	0.8384	0.0015	0.0030
11	0.8369	0.8384	0.8376	0.0007	-0.0003

(12) $f(x)=x^2+3x+1+\sin(x)-x\cos(x)$, $[a,b]=[-2,4]$

n	a	b	c	$c-a$	$f(c)$
1	-2	4	1.0000	3.0000	5.3012
2	-2	1.0000	-0.5000	1.5000	-0.2906
3	-0.5000	1.0000	0.2500	0.7500	1.8177
4	-0.5000	0.2500	-0.1250	0.3750	0.6400
5	-0.5000	-0.1250	-0.3125	0.1875	0.1501
6	-0.5000	-0.3125	-0.4063	0.0938	-0.0757
7	-0.4063	-0.3125	-0.3594	0.0469	0.0358
8	-0.4063	-0.3594	-0.3828	0.0234	-0.0203
9	-0.3828	-0.3594	-0.3711	0.0117	0.0076
10	-0.3828	-0.3711	-0.3770	0.0059	-0.0064
11	-0.3770	-0.3711	-0.3740	0.0029	0.0006
12	-0.3770	-0.3740	-0.3755	0.0015	-0.0029
13	-0.3755	-0.3740	-0.3748	0.0007	-0.0011

3-2 문제 3.1에서 주어진 함수의 근을 Newton 방법으로 구하시오. 허용오차

로 $\varepsilon = 0.001$ 를 사용하시오..

(A) 초기값으로 $x_0 = b$ 를 사용하시오.

(1) $f(x) = x^2 - 16$, $[a,b] = [1,6]$

n	x_n	$x_n - x_{n-1}$	$f(x_n)$
0	6	20	
1	4.3333	-1.6667	2.7778
2	4.0128	-0.3205	0.1027
3	4.0000	-0.0128	0.0002
4	4.0000	-0.0000	0.0000

(2) $f(x) = x^2 - 9$, $[a,b] = [-4,-1]$

n	x_n	$x_n - x_{n-1}$	$f(x_n)$
0	-1	-8	
1	-5.0000	-4.0000	16.0000
2	-3.4000	1.6000	2.5600
3	-3.0235	0.3765	0.1417
4	-3.0001	0.0234	0.0005
5	-3.0000	0.0001	0.0000

(3) $f(x) = x^3 - 7$, $[a,b] = [0,5]$

n	x_n	$x_n - x_{n-1}$	$f(x_n)$
0	5	118	
1	3.4267	-1.5733	33.2361
2	2.4832	-0.9435	8.3114
3	2.0339	-0.4493	1.4132
4	1.9200	-0.1139	0.0776
5	1.9130	-0.0070	0.0003
6	1.9129	-0.0000	0.0000

(4) $f(x) = x^3 + x - 3$, $[a,b] = [0,2]$

n	x_n	$x_n - x_{n-1}$	$f(x_n)$
0	2	7	

1	1.4615	-0.5385	1.5835
2	1.2478	-0.2138	0.1906
3	1.2142	-0.0336	0.0042
4	1.2134	-0.0008	0.0000

(5) $f(x)=7x^5-3x^3+5x-7$, $[a,b]=[-1,2]$

n	x_n	$x_n - x_{n-1}$	$f(x_n)$
0	2	203	
1	1.6163	-0.3837	65.6208
2	1.3184	-0.2978	20.6026
3	1.1018	-0.2166	5.8629
4	0.9734	-0.1284	1.2171
5	0.9298	-0.0436	0.1011
6	0.9254	-0.0043	0.0009
7	0.9254	-0.0000	0.0000

(6) $f(x)=e^x-x-2$. $[a,b]=[0.5,2.5]$

n	x_n	$x_n - x_{n-1}$	$f(x_n)$
0	2.5	7.6825	
1	1.8130	-0.6870	2.3158
2	1.3615	-0.4515	0.5404
3	1.1752	-0.1862	0.0637
4	1.1468	-0.0284	0.0013
5	1.1462	-0.0006	0.0000

(7) $f(x)=e^{-2x}-\sin(x)$, $[a,b]=[0,2]$

n	x_n	$x_n - x_{n-1}$	$f(x_n)$
0	2	-0.8910	
1	4.3477	2.3477	0.9344
2	1.7255	-2.6222	-0.9563
3	12.2760	10.5505	0.2863
4	12.5748	0.2989	-0.0084

5	12.5664	-0.0084	0.0000
6	12.5664	0.0000	-0.0000

(8) $f(x)=\dfrac{x^2}{2}-1$, $[a,b]=[1,5]$

n	x_n	$x_n - x_{n-1}$	$f(x_n)$
0	5	11.5000	
1	2.7000	-2.3000	2.6450
2	1.7204	-0.9796	0.4798
3	1.4415	-0.2789	0.0389
4	1.4145	-0.0270	0.0004
5	1.4142	-0.0003	0.0000

(9) $f(x)=\sqrt{2x-1}-\sqrt{x+2}$, $[a,b]=[2,5]$

n	x_n	$x_n - x_{n-1}$	$f(x_n)$
0	5	0.3542	
1	2.5459	-2.4541	-0.1093
2	2.9665	0.4206	-0.0075
3	2.9998	0.0333	-0.0000
4	3.0000	0.0002	-0.0000

(10) $f(x)=\cos(x)$, $[a,b]=[1,2.5]$

n	x_n	$x_n - x_{n-1}$	$f(x_n)$
0	2.5	-0.8011	
1	1.1614	-1.3386	0.3981
2	1.5953	0.4340	-0.0245
3	1.5708	-0.0245	0.0000
4	1.5708	0.0000	0.0000

(11) $f(x)=x^3-\sin(3x)$, $[a,b]=[0.5,2]$

n	x_n	$x_n - x_{n-1}$	$f(x_n)$
0	2	8.2794	
1	1.0921	-0.9079	1.4369

2	0.8728	-0.2193	0.1651
3	0.8390	-0.0338	0.0057
4	0.8377	-0.0012	0.0000
5	0.8377	-0.0000	0.0000

(12) $f(x)=x^2+3x+1+\sin(x)-x\cos(x)$, $[a,b]=[-2,4]$

n	x_n	$x_n - x_{n-1}$	$f(x_n)$
0	4	30.8578	
1	0.1296	-3.8704	1.4064
2	-0.2997	-0.4293	0.1819
3	-0.3727	-0.0731	0.0037
4	-0.3743	-0.0015	0.0000
5	-0.3743	-0.0000	0.0000

(B) 초기값으로 $x_0=(a+b)/2$를 사용하시오.

(1) $f(x)=x^2-16$, $[a,b]=[1,6]$

n	x_n	$x_n - x_{n-1}$	$f(x_n)$
0	3.5	-3.7500	
1	4.0357	0.5357	0.2870
2	4.0002	-0.0356	0.0013
3	4.0000	-0.0002	0.0000

(2) $f(x)=x^2-9$, $[a,b]=[-4,-1]$

n	x_n	$x_n - x_{n-1}$	$f(x_n)$
0	-2.5	-2.7500	
1	-3.0500	-0.5500	0.3025
2	-3.0004	0.0496	0.0025
3	-3.0000	0.0004	0.0000

(3) $f(x)=x^3-7$, $[a,b]=[0,5]$

n	x_n	$x_n - x_{n-1}$	$f(x_n)$
0	2.5	8.6250	

1	2.0400	-0.4600	1.4897
2	1.9207	-0.1193	0.0854
3	1.9130	-0.0077	0.0003
4	1.9129	-0.0000	0.0000

(4) $f(x) = x^3 + x - 3$, $[a,b] = [0,2]$

n	x_n	$x_n - x_{n-1}$	$f(x_n)$
0	1	-1	
1	1.2500	0.2500	0.2031
2	1.2143	-0.0357	0.0047
3	1.2134	-0.0009	0.0000

(5) $f(x) = 7x^5 - 3x^3 + 5x - 7$, $[a,b] = [-1,2]$

n	x_n	$x_n - x_{n-1}$	$f(x_n)$
0	0.5	-4.6563	
1	1.4430	0.9430	35.0017
2	1.1895	-0.2536	10.5647
3	1.0199	-0.1695	2.6429
4	0.9411	-0.0789	0.3719
5	0.9259	-0.0152	0.0113
6	0.9254	-0.0005	0.0000

(6) $f(x) = e^x - x - 2$. $[a,b] = [0.5, 2.5]$

n	x_n	$x_n - x_{n-1}$	$f(x_n)$
0	1.5	0.9817	
1	1.2180	-0.2820	0.1625
2	1.1498	-0.0683	0.0077
3	1.1462	-0.0036	0.0000
4	1.1462	-0.0000	0.0000

(7) $f(x) = e^{-2x} - \sin(x)$, $[a,b] = [0,2]$

n	x_n	$x_n - x_{n-1}$	$f(x_n)$
0	1	-0.7061	

1	0.1293	-0.8707	0.6433
2	0.3829	0.2537	0.0913
3	0.4321	0.0492	0.0026
4	0.4336	0.0015	0.0000
5	0.4336	0.0000	0.0000

(8) $f(x)=\dfrac{x^2}{2}-1$, $[a,b]=[1,5]$

n	x_n	$x_n - x_{n-1}$	$f(x_n)$
0	3	3.5000	
1	1.8333	-1.1667	0.6806
2	1.4621	-0.3712	0.0689
3	1.4150	-0.0471	0.0011
4	1.4142	-0.0008	0.0000

(9) $f(x)=\sqrt{2x-1}-\sqrt{x+2}$, $[a,b]=[2,5]$

n	x_n	$x_n - x_{n-1}$	$f(x_n)$
0	3.5	0.1043	
1	2.9654	-0.5346	-0.0078
2	2.9998	0.0345	-0.0000
3	3.0000	0.0002	-0.0000

(10) $f(x)=\cos(x)$, $[a,b]=[1,2.5]$

n	x_n	$x_n - x_{n-1}$	$f(x_n)$
0	1.75	-0.1782	
1	1.5689	-0.1811	0.0019
2	1.5708	0.0019	-0.0000
3	1.5708	-0.0000	0.0000

(11) $f(x)=x^3-\sin(3x)$, $[a,b]=[0.5,2]$

n	x_n	$x_n - x_{n-1}$	$f(x_n)$
0	1.25	2.5247	
1	0.8969	-0.3531	0.2855

2	0.8410	-0.0558	0.0150
3	0.8377	-0.0033	0.0001
4	0.8377	-0.0000	0.0000

(12) $f(x) = x^2 + 3x + 1 + \sin(x) - x\cos(x)$, $[a,b] = [-2,4]$

n	x_n	$x_n - x_{n-1}$	$f(x_n)$
0	1	5.3012	
1	0.0925	-0.9075	1.2863
2	-0.3103	-0.4028	0.1555
3	-0.3732	-0.0629	0.0027
4	-0.3743	-0.0011	0.0000
5	-0.3743	-0.0000	0.0000

3-3 문제 3.1에서 주어진 함수의 근을 할선법으로 구하시오. 주어져 있는 초기값을 사용하시오. 허용오차로 $\varepsilon = 0.001$를 사용하시오.

(1) $f(x) = x^2 - 16$, $[a,b] = [1,6]$

n	x_{n-2}	x_{n-1}	x_n	$x_n - x_{n-1}$	$f(x_n)$
1	1	6	3.1429	−2.8571	-6.1224
2	6	3.1429	3.8125	0.6696	-1.4648
3	3.1429	3.8125	4.0231	0.2106	0.1854
4	3.8125	4.0231	3.9994	−0.0237	-0.0044
5	4.0231	3.9994	4.0000	0.0006	-0.0000

(2) $f(x) = x^2 - 9$, $[a,b] = [-4,-1]$

n	x_{n-2}	x_{n-1}	x_n	$x_n - x_{n-1}$	$f(x_n)$
1	-4	−1	-2.6000	−1.6000	-2.2400
2	-1	−2.6000	-3.2222	−0.6222	1.3827
3	-2.6000	−3.2222	-2.9847	0.2375	-0.0914
4	-3.2222	−2.9847	-2.9995	−0.0147	-0.0033
5	-2.9847	−2.9995	-3.0000	−0.0005	0.0000

(3) $f(x) = x^3 - 7$, $[a,b] = [0,5]$

n	x_{n-2}	x_{n-1}	x_n	$x_n - x_{n-1}$	$f(x_n)$
1	0	5	0.2800	-4.7200	-6.9780
2	5	0.2800	0.5435	0.2635	-6.8394
3	0.2800	0.5435	13.546	13.002	2478.4
4	0.5435	13.546	0.5793	-12.966	-6.8056
5	13.546	0.5793	0.6148	0.0355	-6.7676
6	0.5793	0.6148	6.9408	6.3260	327.38
7	0.6148	6.9408	0.7429	-6.1979	-6.5899
8	6.9408	0.7429	0.8652	0.1223	-6.3522
9	0.7429	0.8652	4.1338	3.2685	63.637
10	0.8652	4.1338	1.1619	-2.9719	-5.4314
11	4.1338	1.1619	1.3956	0.2337	-4.2818
12	1.1619	1.3956	2.2660	0.8704	4.6356
13	1.3956	2.2660	1.8135	-0.4525	-1.0354
14	2.2660	1.8135	1.8962	0.0826	-0.1826
15	1.8135	1.8962	1.9138	0.0177	0.0010
16	1.8962	1.9138	1.9129	-0.0009	-0.0001

(4) $f(x) = x^3 + x - 3$, $[a,b] = [0,2]$

n	x_{n-2}	x_{n-1}	x_n	$x_n - x_{n-1}$	$f(x_n)$
1	0	2	0.6000	-1.4000	-2.1840
2	2	0.6000	0.9329	0.3329	-1.2551
3	0.6000	0.9329	1.3828	0.4498	1.0267
4	0.9329	1.3828	1.1804	-0.2024	-0.1751
5	1.3828	1.1804	1.2099	0.0295	-0.0192
6	1.1804	1.2099	1.2135	0.0036	0.0004
7	1.2099	1.2135	1.2134	-0.0001	-0.0000

(5) $f(x) = 7x^5 - 3x^3 + 5x - 7$, $[a,b] = [-1,2]$

n	x_{n-2}	x_{n-1}	x_n	$x_n - x_{n-1}$	$f(x_n)$
1	-1	2	-0.7808	-2.7808	-11.5076

2	2	−0.7808	-0.6316	0.1492	-10.1060
3	-0.7808	−0.6316	0.4440	1.0756	-4.9220
4	-0.6316	0.4440	1.4652	1.0212	38.1587
5	0.4440	1.4652	0.5606	−0.9046	-4.3377
6	1.4652	0.5606	0.6530	0.0923	-3.7394
7	0.5606	0.6530	1.2300	0.5771	13.2779
8	0.6530	1.2300	0.7798	−0.4503	-2.5054
9	1.2300	0.7798	0.8513	0.0715	-1.4654
10	0.7798	0.8513	0.9520	0.1007	0.6443
11	0.8513	0.9520	0.9212	−0.0308	-0.0954
12	0.9520	0.9212	0.9252	0.0040	-0.0051
13	0.9212	0.9252	0.9254	0.0002	0.0000

(6) $f(x) = e^x - x - 2$. $[a,b] = [0.5, 2.5]$

n	x_{n-2}	x_{n-1}	x_n	$x_n - x_{n-1}$	$f(x_n)$
1	0.5	2.5	0.6995	−1.8005	-0.6867
2	2.5	0.6995	0.8472	0.1477	-0.5140
3	0.6995	0.8472	1.2869	0.4397	0.3348
4	0.8472	1.2869	1.1135	−0.1734	-0.0684
5	1.2869	1.1135	1.1430	0.0294	-0.0069
6	1.1135	1.1430	1.1463	0.0033	0.0002
7	1.1430	1.1463	1.1462	−0.0001	-0.0000

(7) $f(x) = e^{-2x} - \sin(x)$, $[a,b] = [0, 2]$

n	x_{n-2}	x_{n-1}	x_n	$x_n - x_{n-1}$	$f(x_n)$
1	0	2	1.0577	−0.9423	-0.7506
2	2	1.0577	-3.9813	−5.0389	2870.8
3	1.0577	−3.9813	1.0563	5.0376	-0.7496
4	-3.9813	1.0563	1.0550	−0.0013	-0.7487
5	1.0563	1.0550	0.0361	−1.0189	0.8942
6	1.0550	0.0361	0.5907	0.5546	-0.2501

7	0.0361	0.5907	0.4695	−0.1212	-0.0614
8	0.5907	0.4695	0.4300	−0.0394	0.0062
9	0.4695	0.4300	0.4337	0.0036	-0.0001
10	0.4300	0.4337	0.4336	−0.0001	-0.0000

(8) $f(x)=\dfrac{x^2}{2}-1$, $[a,b]=[1,5]$

n	x_{n-2}	x_{n-1}	x_n	$x_n - x_{n-1}$	$f(x_n)$
1	1	5	1.1667	−3.8333	-0.3194
2	5	1.1667	1.2703	0.1036	-0.1932
3	1.1667	1.2703	1.4288	0.1586	0.0208
4	1.2703	1.4288	1.4134	−0.0154	-0.0011
5	1.4288	1.4134	1.4142	0.0008	-0.0000

(9) $f(x)=\sqrt{2x-1}-\sqrt{x+2}$, $[a,b]=[2,5]$

n	x_{n-2}	x_{n-1}	x_n	$x_n - x_{n-1}$	$f(x_n)$
1	2	5	3.2919	−1.7081	0.0626
2	5	3.2919	2.9253	−0.3666	-0.0169
3	3.2919	2.9253	3.0032	0.0779	0.0007
4	2.9253	3.0032	3.0000	−0.0032	0.0000
5	3.0032	3.0000	3.0000	−0.0000	-0.0000

(10) $f(x)=\cos(x)$, $[a,b]=[1,2.5]$

n	x_{n-2}	x_{n-1}	x_n	$x_n - x_{n-1}$	$f(x_n)$
1	1	2.5	1.6042	−0.8958	-0.0334
2	2.5	1.6042	1.5652	−0.0389	0.0056
3	1.6042	1.5652	1.5708	0.0056	-0.0000
4	1.5652	1.5708	1.5708	−0.0000	0.0000

(11) $f(x)=x^3-\sin(3x)$, $[a,b]=[0.5,2]$

n	x_{n-2}	x_{n-1}	x_n	$x_n - x_{n-1}$	$f(x_n)$
1	0.5	2	0.6430	−1.3570	-0.6707
2	2	0.6430	0.7447	0.1017	-0.3750

3	0.6430	0.7447	0.8737	0.1290	0.1694
4	0.7447	0.8737	0.8335	-0.0401	-0.0189
5	0.8737	0.8335	0.8376	0.0040	-0.0007
6	0.8335	0.8376	0.8377	0.0002	0.0000

(12) $f(x) = x^2 + 3x + 1 + \sin(x) - x\cos(x)$, $[a,b] = [-2, 4]$

n	x_{n-2}	x_{n-1}	x_n	$x_n - x_{n-1}$	$f(x_n)$
1	-2	4	-1.5104	-5.5104	-2.1569
2	4	-1.5104	-1.1504	0.3600	-1.5712
3	-1.5104	-1.1504	-0.1847	0.9658	0.4781
4	-1.1504	-0.1847	-0.4099	-0.2253	-0.0844
5	-0.1847	-0.4099	-0.3762	0.0338	-0.0045
6	-0.4099	-0.3762	-0.3743	0.0019	0.0000
7	-0.3762	-0.3743	-0.3743	-0.0000	-0.0000

3-4 문제 3.1의 (6)에서 주어진 함수의 근을 이분법으로 구한다고 하자. 주어진 초기값과 아래의 허용오차를 만족시키는 반복회수 n를 구하시오.

(1) $\varepsilon = 0.001$

$[a,b] = [0.5, 2.5]$

$$n > \frac{\ln(b-a) - \ln(\varepsilon)}{\ln(2)} = \frac{\ln(2.5-0.5) - \ln(0.001)}{\ln(2)} = 10.96578428 \text{ 이므로}$$

$n = 11$회 이상 반복하면 허용오차를 만족하는 근삿값을 구할 수 있다.

(2) $\varepsilon = 0.00001$

$$\frac{\ln(b-a) - \ln(\varepsilon)}{\ln(2)} = 17.60964047 \text{ 이므로 } n \geq 18.$$

(3) $\varepsilon = 0.0000001$

$$\frac{\ln(b-a) - \ln(\varepsilon)}{\ln(2)} = 24.25349666 \text{ 이므로 } n \geq 25.$$

4장 연습문제

4-1 행렬이 아래와 같다고 하자. 다음을 구하시오.

$$A=\begin{bmatrix}1 & 3\\5 & 8\end{bmatrix},\ B=\begin{bmatrix}6 & 1\\3 & 4\end{bmatrix},\ C=\begin{bmatrix}1 & 2 & 3\\6 & 7 & 8\end{bmatrix}$$

(1) A^T, B^T

$$A^T=\begin{bmatrix}1 & 5\\3 & 8\end{bmatrix},\quad B^T=\begin{bmatrix}6 & 3\\1 & 4\end{bmatrix}$$

(2) $A+B$, $A-B$

$$A+B=\begin{bmatrix}1 & 3\\5 & 8\end{bmatrix}+\begin{bmatrix}6 & 1\\3 & 4\end{bmatrix}=\begin{bmatrix}1+6 & 3+1\\5+3 & 8+4\end{bmatrix}=\begin{bmatrix}7 & 4\\8 & 12\end{bmatrix}$$

$$A-B=\begin{bmatrix}1 & 3\\5 & 8\end{bmatrix}-\begin{bmatrix}6 & 1\\3 & 4\end{bmatrix}=\begin{bmatrix}1-6 & 3-1\\5-3 & 8-4\end{bmatrix}=\begin{bmatrix}-5 & 2\\2 & 4\end{bmatrix}$$

(3) $A\times B$, $A\times C$

$$A\times B=\begin{bmatrix}1 & 3\\5 & 8\end{bmatrix}\times\begin{bmatrix}6 & 1\\3 & 4\end{bmatrix}=\begin{bmatrix}1\cdot6+3\cdot3 & 1\cdot1+3\cdot4\\5\cdot6+8\cdot3 & 5\cdot1+8\cdot4\end{bmatrix}=\begin{bmatrix}15 & 13\\54 & 37\end{bmatrix}$$

$$A\times C=\begin{bmatrix}1 & 3\\5 & 8\end{bmatrix}\times\begin{bmatrix}1 & 2 & 3\\6 & 7 & 8\end{bmatrix}=\begin{bmatrix}1\cdot1+3\cdot6 & 1\cdot2+3\cdot7 & 1\cdot3+3\cdot8\\5\cdot1+8\cdot6 & 5\cdot2+8\cdot7 & 5\cdot3+8\cdot8\end{bmatrix}=\begin{bmatrix}19 & 23 & 27\\53 & 66 & 79\end{bmatrix}$$

(4) 위 문제를 계산하는 프로그램을 작성하시오.

4-2 다음의 행렬 $A=(a_{ij})_{n\times n}$ 와 벡터 $b=(b_i)_n$ 를 구성하시오.

$$a_{ij}=\max\{i,j\},\ 1\le i\le 5,\ 1\le j\le 5$$

$$b_i=1,\ 1\le i\le 5$$

$$A=(a_{ij})_{n\times n}=\begin{bmatrix}1 & 2 & 3 & 4 & 5\\2 & 2 & 3 & 4 & 5\\3 & 3 & 3 & 4 & 5\\4 & 4 & 4 & 4 & 5\\5 & 5 & 5 & 5 & 5\end{bmatrix},\quad b=(b_i)_n=\begin{bmatrix}1\\1\\1\\1\\1\end{bmatrix}$$

4-3 다음 행렬 $A=(a_{ij})_{m\times n}$ 과 벡터 $b=(b_i)_n$ 을 구성하시오.

$$a_{ij} = \begin{cases} \dfrac{i}{j}, & 1 \le i \le j \le 5 \\ \dfrac{j}{i}, & 1 \le j \le i \le 5 \end{cases}, \quad b_i = \begin{cases} 1, & i = \text{홀수} \\ -1, & i = \text{짝수} \end{cases}$$

$$A = (a_{ij})_{n \times n} = \begin{bmatrix} 1 & \frac{1}{2} & \frac{1}{3} & \frac{1}{4} & \frac{1}{5} \\ \frac{1}{2} & 1 & \frac{2}{3} & \frac{1}{2} & \frac{2}{5} \\ \frac{1}{3} & \frac{2}{3} & 1 & \frac{3}{4} & \frac{3}{5} \\ \frac{1}{4} & \frac{1}{2} & \frac{3}{4} & 1 & \frac{4}{5} \\ \frac{1}{5} & \frac{2}{5} & \frac{3}{5} & \frac{4}{5} & 1 \end{bmatrix}, \quad b = (b_i)_n = \begin{bmatrix} 1 \\ -1 \\ 1 \\ -1 \\ 1 \end{bmatrix}$$

4-4 다음 행렬 $H = (h_{ij})_{n \times n}$ 을 구성하시오.

$$h_{ij} = \frac{1}{i + j - 1}, \quad 1 \le i, j \le n$$

$$H = (h_{ij})_{n \times n} = \begin{bmatrix} 1 & \frac{1}{2} & \frac{1}{3} & \cdots & \frac{1}{j} & \cdots & \frac{1}{n} \\ \frac{1}{2} & \frac{1}{3} & \frac{1}{4} & & \frac{1}{j+1} & & \frac{1}{n+1} \\ \frac{1}{3} & \frac{1}{4} & \frac{1}{5} & & \frac{1}{j+2} & & \frac{1}{n+2} \\ \vdots & & & \ddots & & & \vdots \\ \frac{1}{i} & \frac{1}{i+1} & \frac{1}{i+2} & & \frac{1}{i+j-1} & & \frac{1}{n+i-1} \\ \vdots & & & & & \ddots & \vdots \\ \frac{1}{n} & \frac{1}{n+1} & \frac{1}{n+2} & \cdots & \frac{1}{n+j-1} & \cdots & \frac{1}{2n-1} \end{bmatrix}$$

4-5 다음 행렬의 역행렬을 구하시오.

(1) $A = \begin{bmatrix} 1 & 3 \\ 3 & 3 \end{bmatrix}$

식 (4.1.3)을 사용하면 역행렬 A^{-1}는 다음과 같다.

$$A^{-1} = \frac{1}{(1)(3) - (3)(3)} \begin{bmatrix} 3 & -3 \\ -3 & 1 \end{bmatrix}$$

$$= \begin{bmatrix} -\frac{1}{2} & \frac{1}{2} \\ \frac{1}{2} & -\frac{1}{6} \end{bmatrix}$$

(2) $A=\begin{bmatrix} 1 & \frac{1}{2} & \frac{1}{3} \\ \frac{1}{2} & \frac{1}{3} & \frac{1}{4} \\ \frac{1}{3} & \frac{1}{4} & \frac{1}{5} \end{bmatrix}$

식 (4.1.4)으로부터 역행렬 A^{-1}는 다음과 같다.

$$A^{-1}=\begin{bmatrix} 9 & -36 & 30 \\ -36 & 192 & -180 \\ 30 & -180 & 180 \end{bmatrix}$$

4-6 다음 선형계의 해를 Gauss소거법으로 구하시오. 단, 피버팅은 사용하지 않는다.

(1) $A=\begin{bmatrix} 5 & 2 & 1 \\ 3 & 0 & 1 \\ 1 & 3 & 6 \end{bmatrix}$, $b=\begin{bmatrix} 13 \\ 5 \\ 22 \end{bmatrix}$

$$[A|b]=\left[\begin{array}{ccc|c} 5 & 2 & 1 & 13 \\ 3 & 0 & 1 & 5 \\ 1 & 3 & 6 & 22 \end{array}\right] \quad m_{21}=\frac{a_{21}}{a_{11}}=\frac{3}{5},\ m_{31}=\frac{a_{31}}{a_{11}}=\frac{1}{5}$$

$$\Rightarrow \left[\begin{array}{ccc|c} 5 & 2 & 1 & 13 \\ 0 & -\frac{6}{5} & \frac{2}{5} & -\frac{14}{5} \\ 0 & \frac{13}{5} & \frac{29}{5} & \frac{97}{5} \end{array}\right] \quad m_{32}=\frac{a_{32}^{(2)}}{a_{22}^{(2)}}=-\frac{13}{6}$$

$$\Rightarrow \left[\begin{array}{ccc|c} 5 & 2 & 1 & 13 \\ 0 & -\frac{6}{5} & \frac{2}{5} & -\frac{14}{5} \\ 0 & 0 & \frac{20}{3} & \frac{40}{3} \end{array}\right]$$

$x_3=2,\quad x_2=3,\quad x_1=1$

(2) $A=\begin{bmatrix} 2 & 5 & -2 \\ 1 & -3 & 2 \\ -4 & -1 & 3 \end{bmatrix}$, $b=\begin{bmatrix} 8 \\ 5 \\ -2 \end{bmatrix}$

$$[A|b]=\left[\begin{array}{ccc|c} 2 & 5 & -2 & 8 \\ 1 & -3 & 2 & 5 \\ -4 & -1 & 3 & -2 \end{array}\right] \quad m_{21}=\frac{1}{2},\ m_{31}=-2$$

$$\Rightarrow \left[\begin{array}{ccc|c} 2 & 5 & -2 & 8 \\ 0 & -11/2 & 3 & 1 \\ 0 & 9 & -1 & 14 \end{array}\right] \quad m_{32}=-\frac{18}{11}$$

$$\Rightarrow \left[\begin{array}{ccc|c} 2 & 5 & -2 & 8 \\ 0 & -11/2 & 3 & 1 \\ 0 & 0 & 43/11 & 172/11 \end{array}\right]$$

$x_3=4,\quad x_2=2,\quad x_1=3$

(3) $A=\begin{bmatrix} 4 & 2 & 0 & 1 \\ 1 & -3 & 5 & 3 \\ 2 & 3 & 1 & 2 \\ 1 & -2 & 4 & 3 \end{bmatrix}$, $b=\begin{bmatrix} 0 \\ 8 \\ -3 \\ 5 \end{bmatrix}$

$$[A|b]=\left[\begin{array}{cccc|c} 4 & 2 & 0 & 1 & 0 \\ 1 & -3 & 5 & 3 & 8 \\ 2 & 3 & 1 & 2 & -3 \\ 1 & -2 & 4 & 3 & 5 \end{array}\right] \quad m_{21}=\frac{1}{4},\ m_{31}=\frac{1}{2},\ m_{41}=\frac{1}{4}$$

$$\Rightarrow \left[\begin{array}{cccc|c} 4 & 2 & 0 & 1 & 0 \\ 0 & -7/2 & 5 & 11/4 & 8 \\ 0 & 2 & 1 & 3/2 & -3 \\ 0 & -5/2 & 4 & 11/4 & 5 \end{array}\right] \quad m_{32}=-\frac{4}{7},\ m_{42}=\frac{5}{7}$$

$$\Rightarrow \left[\begin{array}{cccc|c} 4 & 2 & 0 & 1 & 0 \\ 0 & -7/2 & 5 & 11/4 & 8 \\ 0 & 0 & 27/7 & 43/14 & 11/7 \\ 0 & 0 & 3/7 & 11/14 & -5/7 \end{array}\right] \quad m_{43}=\frac{1}{9}$$

$$\Rightarrow \left[\begin{array}{cccc|c} 4 & 2 & 0 & 1 & 0 \\ 0 & -7/2 & 5 & 11/4 & 8 \\ 0 & 0 & 27/7 & 43/14 & 11/7 \\ 0 & 0 & 0 & 4/9 & -8/9 \end{array}\right]$$

$x_4 = -2, \quad x_3 = 2, \quad x_2 = -1, \quad x_1 = 1$

(4) 위 문제를 계산하는 프로그램을 작성하시오.

4-7 문제 4-6의 선형계에 대하여 다음 물음에 답하시오.

(A) 피버팅을 사용하여 해를 구하시오.

(1) $A = \begin{bmatrix} 5 & 2 & 1 \\ 3 & 0 & 1 \\ 1 & 3 & 6 \end{bmatrix}, \quad b = \begin{bmatrix} 13 \\ 5 \\ 22 \end{bmatrix}$

$$[A|b] = \left[\begin{array}{ccc|c} 5 & 2 & 1 & 13 \\ 3 & 0 & 1 & 5 \\ 1 & 3 & 6 & 22 \end{array}\right] \quad m_{21} = \frac{a_{21}}{a_{11}} = \frac{3}{5}, \quad m_{31} = \frac{a_{31}}{a_{11}} = \frac{1}{5}$$

$$\Rightarrow \left[\begin{array}{ccc|c} 5 & 2 & 1 & 13 \\ 0 & -\frac{6}{5} & \frac{2}{5} & -\frac{14}{5} \\ 0 & \frac{13}{5} & \frac{29}{5} & \frac{97}{5} \end{array}\right] \quad m_{32} = \frac{a_{32}^{(2)}}{a_{22}^{(2)}} = -\frac{6}{13}$$

$$\Rightarrow \left[\begin{array}{ccc|c} 5 & 2 & 1 & 13 \\ 0 & \frac{13}{5} & \frac{29}{5} & \frac{97}{5} \\ 0 & 0 & \frac{40}{13} & \frac{80}{13} \end{array}\right]$$

$x_3 = 2, \quad x_2 = 3, \quad x_1 = 1$

(2) $A = \begin{bmatrix} 2 & 5 & -2 \\ 1 & -3 & 2 \\ -4 & -1 & 3 \end{bmatrix}, \quad b = \begin{bmatrix} 8 \\ 5 \\ -2 \end{bmatrix}$

$$[A|b]=\left[\begin{array}{ccc|c} 2 & 5 & -2 & 8 \\ 1 & -3 & 2 & 5 \\ -4 & -1 & 3 & -2 \end{array}\right] \quad m_{21}=-\frac{1}{4},\ m_{31}=-\frac{1}{2}$$

$$\Rightarrow \left[\begin{array}{ccc|c} -4 & -1 & 3 & -2 \\ 0 & -13/4 & 11/4 & 9/2 \\ 0 & 9/2 & -1/2 & 7 \end{array}\right] \quad m_{32}=-\frac{13}{18}$$

$$\Rightarrow \left[\begin{array}{ccc|c} -4 & -1 & 3 & -2 \\ 0 & 9/2 & -1/2 & 7 \\ 0 & 0 & 43/18 & 86/9 \end{array}\right]$$

$x_3=4,\quad x_2=2,\quad x_1=3$

(3) 문제 4-6 (3)의 풀이와 동일

(B) 위 문제를 계산하는 프로그램을 작성하시오.

4-8 다음 행렬의 역행렬을 Gauss-Jordan 소거법으로 구하시오.

(1) $A=\begin{bmatrix} 1 & 1.001 \\ 1 & 1 \end{bmatrix}$

A^{-1}를 Gauss-Jordan 소거법으로 구하면 다음과 같다.

$$[A|I]=\left[\begin{array}{cc|cc} 1 & 1001/1000 & 1 & 0 \\ 1 & 1 & 0 & 1 \end{array}\right] \Rightarrow \left[\begin{array}{cc|cc} 1 & 1001/1000 & 1 & 0 \\ 0 & -1/1000 & -1 & 1 \end{array}\right]$$

$$\Rightarrow \left[\begin{array}{cc|cc} 1 & 0 & -1000 & 1001 \\ 0 & 1 & 1000 & -1000 \end{array}\right]$$

$$A^{-1}=\begin{bmatrix} -1000 & 1001 \\ 1000 & -1000 \end{bmatrix}$$

(2) $A=\begin{bmatrix} 1 & 1 \\ 1 & 1.001 \end{bmatrix}$

A^{-1}를 Gauss-Jordan 소거법으로 구하면 다음과 같다.

$$[A|I]=\left[\begin{array}{cc|cc} 1 & 1 & 1 & 0 \\ 1 & 1001/1000 & 0 & 1 \end{array}\right] \Rightarrow \left[\begin{array}{cc|cc} 1 & 1 & 1 & 0 \\ 0 & 1/1000 & -1 & 1 \end{array}\right]$$

$$\Rightarrow \left[\begin{array}{cc|cc} 1 & 0 & 1001 & -1000 \\ 0 & 1 & -1000 & 1000 \end{array}\right]$$

$$A^{-1} = \begin{bmatrix} 1001 & -1000 \\ -1000 & 1000 \end{bmatrix}$$

4-9 문제 4-6의 선형계에 대하여 아래 물음에 답하시오.

(A) 선형계의 해를 Gauss-Jordan 소거법으로 구하시오.

(1) $A = \begin{bmatrix} 5 & 2 & 1 \\ 3 & 0 & 1 \\ 1 & 3 & 6 \end{bmatrix}, \quad b = \begin{bmatrix} 13 \\ 5 \\ 22 \end{bmatrix}$

$$[A|b] = \left[\begin{array}{ccc|c} 5 & 2 & 1 & 13 \\ 3 & 0 & 1 & 5 \\ 1 & 3 & 6 & 22 \end{array}\right] \Rightarrow \left[\begin{array}{ccc|c} 1 & 2/5 & 1/5 & 13/5 \\ 0 & -6/5 & 2/5 & -14/5 \\ 0 & 13/5 & 29/5 & 97/5 \end{array}\right]$$

$$\Rightarrow \left[\begin{array}{ccc|c} 1 & 0 & 1/3 & 5/3 \\ 0 & 1 & -1/3 & 7/3 \\ 0 & 0 & 20/3 & 40/3 \end{array}\right] \Rightarrow \left[\begin{array}{ccc|c} 1 & 0 & 0 & 1 \\ 0 & 1 & 0 & 3 \\ 0 & 0 & 1 & 2 \end{array}\right]$$

$x_1 = 1, \quad x_2 = 3, \quad x_3 = 2$

(2) $A = \begin{bmatrix} 2 & 5 & -2 \\ 1 & -3 & 2 \\ -4 & -1 & 3 \end{bmatrix}, \quad b = \begin{bmatrix} 8 \\ 5 \\ -2 \end{bmatrix}$

$$[A|b] = \left[\begin{array}{ccc|c} 2 & 5 & -2 & 8 \\ 1 & -3 & 2 & 5 \\ -4 & -1 & 3 & -2 \end{array}\right] \Rightarrow \left[\begin{array}{ccc|c} 1 & 5/2 & -1 & 4 \\ 0 & -11/2 & 3 & 1 \\ 0 & 9 & -1 & 14 \end{array}\right]$$

$$\Rightarrow \left[\begin{array}{ccc|c} 1 & 0 & 4/11 & 49/11 \\ 0 & 1 & -6/11 & -2/11 \\ 0 & 0 & 43/11 & 172/11 \end{array}\right] \Rightarrow \left[\begin{array}{ccc|c} 1 & 0 & 0 & 3 \\ 0 & 1 & 0 & 2 \\ 0 & 0 & 1 & 4 \end{array}\right]$$

$x_1 = 3, \quad x_2 = 2, \quad x_3 = 4$

(3) $A=\begin{bmatrix}4&2&0&1\\1&-3&5&3\\2&3&1&2\\1&-2&4&3\end{bmatrix},\quad b=\begin{bmatrix}0\\8\\-3\\5\end{bmatrix}$

$$[A|b]=\left[\begin{array}{cccc|c}4&2&0&1&0\\1&-3&5&3&8\\2&3&1&2&-3\\1&-2&4&3&5\end{array}\right]\Rightarrow\left[\begin{array}{cccc|c}1&1/2&0&1/4&0\\0&-7/2&5&11/4&8\\0&2&1&3/2&-3\\0&-5/2&4&11/4&5\end{array}\right]$$

$$\Rightarrow\left[\begin{array}{cccc|c}1&0&5/7&9/14&8/7\\0&1&-10/7&-11/4&-16/7\\0&0&27/7&43/14&11/7\\0&0&3/7&11/14&-5/7\end{array}\right]\Rightarrow\left[\begin{array}{cccc|c}1&0&0&2/27&23/27\\0&1&0&19/54&-46/27\\0&0&1&43/54&11/27\\0&0&0&4/9&-8/9\end{array}\right]$$

$$\Rightarrow\left[\begin{array}{cccc|c}1&0&0&0&1\\0&1&0&0&-1\\0&0&1&0&2\\0&0&0&1&-2\end{array}\right]$$

$x_1=1,\quad x_2=-1,\quad x_3=2,\quad x_4=-2$

(B) 위 문제를 계산하는 프로그램을 작성하시오.

4-10 문제 4-6의 선형계에 대하여 다음 물음에 답하시오.

(A) A를 L과 U로 분해하시오.

(1) $A=\begin{bmatrix}5&2&1\\3&0&1\\1&3&6\end{bmatrix},$

$$L=\begin{bmatrix}1&0&0\\3/5&1&0\\1/5&-13/6&1\end{bmatrix},\quad U=\begin{bmatrix}5&2&1\\0&-6/5&2/5\\0&0&20/3\end{bmatrix}$$

(2) $A=\begin{bmatrix} 2 & 5 & -2 \\ 1 & -3 & 2 \\ -4 & -1 & 3 \end{bmatrix}$,

$$L=\begin{bmatrix} 1 & 0 & 0 \\ 1/2 & 1 & 0 \\ -2 & -18/11 & 1 \end{bmatrix}, \quad U=\begin{bmatrix} 2 & 5 & -2 \\ 0 & -11/2 & 3 \\ 0 & 0 & 43/11 \end{bmatrix}$$

(3) $A=\begin{bmatrix} 4 & 2 & 0 & 1 \\ 1 & -3 & 5 & 3 \\ 2 & 3 & 1 & 2 \\ 1 & -2 & 4 & 3 \end{bmatrix}$,

$$L=\begin{bmatrix} 1 & 0 & 0 & 0 \\ 1/4 & 1 & 0 & 0 \\ 1/2 & -4/7 & 1 & 0 \\ 1/4 & 5/7 & 1/9 & 1 \end{bmatrix}, \quad U=\begin{bmatrix} 4 & 2 & 0 & 1 \\ 0 & -7/2 & 5 & 11/4 \\ 0 & 0 & 27/7 & 43/14 \\ 0 & 0 & 0 & 4/9 \end{bmatrix}$$

(B) 선형계의 해를 구하시오.

(1) $y_1 = 13, \quad y_2 = -14/5, \quad y_3 = 40/3$

$x_3 = 2, \quad x_2 = 3, \quad x_1 = 1$

(2) $y_1 = 8, \quad y_2 = 1, \quad y_3 = 172/11$

$x_3 = 4, \quad x_2 = 2, \quad x_1 = 3$

(3) $y_1 = 0, \quad y_2 = 8, \quad y_3 = 11/7, \quad y_4 = -8/9$

$x_4 = -2, \quad x_3 = 2, \quad x_2 = -1, \quad x_1 = 1$

(C) 위 문제를 계산하는 프로그램을 작성하시오.

4-11 다음 연립방정식의 계수행렬은 삼각대각행렬이다. 해를 구하시오.

(1)
$$\begin{aligned} 3x_1 + x_2 \qquad\qquad &= 16 \\ x_1 + 3x_2 + x_3 \qquad &= 9 \\ x_2 + 3x_3 + x_4 &= 9 \\ x_3 + 3x_4 &= 16 \end{aligned}$$

식 (4.4.8)로부터 α_i, β_i의 값을 구하면

$$\alpha_1 = 0, \alpha_2 = 1/3, \alpha_3 = 3/8, \alpha_4 = 8/21.$$

$$\beta_1 = 3, \beta_2 = 8/3, \beta_3 = 21/8, \beta_4 = 55/21$$

식 (4.4.9)로부터 y_i의 값을 구하면

$$y_1 = 16, y_2 = 11/3, y_3 = 61/8, y_4 = 275/21.$$

식 (4.4.10)로부터 x_i의 값을 구하면 다음과 같다.

$$x_4 = 5, x_3 = 1, x_2 = 1, x_1 = 5$$

(2)
$$\begin{aligned} x_1 + 2x_2 \qquad\qquad &= 5 \\ 2x_1 + 3x_2 - 2x_3 \qquad &= 2 \\ 4x_2 + 3x_3 + 2x_4 &= 15 \\ 3x_3 - 4x_4 &= 13 \end{aligned}$$

식 (4.4.8)로부터 α_i, β_i의 값을 구하면

$$\alpha_1 = 0, \alpha_2 = 2, \alpha_3 = -4, \alpha_4 = -3/5.$$

$$\beta_1 = 1, \beta_2 = -1, \beta_3 = -5, \beta_4 = -14/5$$

식 (4.4.9)로부터 y_i의 값을 구하면

$$y_1 = 5, y_2 = -8, y_3 = -17, y_4 = 14/5.$$

식 (4.4.10)로부터 x_i의 값을 구하면 다음과 같다.

$$x_4 = -1, x_3 = 3, x_2 = 2, x_1 = 1$$

(3)
$$\begin{aligned} 2x_1 + 3x_2 \qquad\qquad\qquad &= 8 \\ 3x_1 + 7x_2 + 2x_3 \qquad\qquad &= 23 \\ 2x_2 + 3x_3 + 8x_4 \qquad &= 45 \\ 6x_3 + 2x_4 - 3x_5 &= 11 \\ x_4 + 5x_5 &= 29 \end{aligned}$$

식 (4.4.8)로부터 α_i, β_i의 값을 구하면

$$\alpha_1 = 0, \alpha_2 = 3/2, \alpha_3 = 4/5, \alpha_4 = 30/7, \alpha_5 = -7/226.$$

$$\beta_1 = 2, \beta_2 = 5/2, \beta_3 = 7/5, \beta_4 = -226/7, \beta_5 = 1109/226$$

식 (4.4.9)로부터 y_i의 값을 구하면

$$y_1 = 8, y_2 = 11, y_3 = 181/5, y_4 = -1009/7, y_5 = 5545/226.$$

식 (4.4.10)로부터 x_i의 값을 구하면 다음과 같다.

$$x_5 = 5, x_4 = 4, x_3 = 3, x_2 = 2, x_1 = 1$$

5장 연습문제

5-1 다음 자료에 대하여 아래 물음에 답하시오.

x	$\sqrt{x}$
1	1.0000
3	1.7321
5	2.2361

(1) $\sqrt{1.7}$ 을 계산하기 위한 선형보간다항식과 값을 구하시오.

$$L_0(x)=\frac{x-x_1}{x_0-x_1}=\frac{x-3}{1-3}=-\frac{x-3}{2},\quad L_1(x)=\frac{x-x_0}{x_1-x_0}=\frac{x-1}{3-1}=\frac{x-1}{2}$$

$$P_1(x)\equiv y=L_0(x)y_0+L_1(x)y_1=0.36605x+0.63395$$

$$P_1(1.7)=0.36605(1.7)+0.63395=1.256235$$

(2) $\sqrt{1.7}$ 을 계산하기 위한 2차 보간다항식과 값을 구하시오.

$$L_0(x)=\frac{(x-x_1)(x-x_2)}{(x_0-x_1)(x_0-x_2)}=\frac{(x-3)(x-5)}{(1-3)(1-5)}=\frac{(x-3)(x-5)}{8}$$

$$L_1(x)=\frac{(x-x_0)(x-x_2)}{(x_1-x_0)(x_1-x_2)}=\frac{(x-1)(x-5)}{(3-1)(3-5)}=-\frac{(x-1)(x-5)}{4}$$

$$L_2(x)=\frac{(x-x_0)(x-x_1)}{(x_2-x_0)(x_2-x_1)}=\frac{(x-1)(x-3)}{(5-1)(5-3)}=\frac{(x-1)(x-3)}{8}$$

$$P_2(x)=L_0(x)y_0+L_1(x)y_1+L_2(x)y_2=-0.0285125x^2+0.4801x+0.5484125$$

$$P_2(1.7)=-0.0285125(1.7^2)+0.4801(1.7)+0.5484125=1.282181375$$

5-2 다음 자료에 대하여 아래 물음에 답하시오.

x	e^x
0.90	2.4596
0.91	2.4843
0.92	2.5093

(1) $e^{0.913}$ 을 계산하기 위한 선형보간다항식과 값을 구하시오.

$$L_0(x)=-\frac{x-0.92}{0.01},\quad L_1(x)=\frac{x-0.91}{0.01}$$

$$P_1(x) \equiv y = L_0(x)y_0 + L_1(x)y_1 = 2.5x + 0.2093$$

$$P_1(0.913) = 2.5(0.913) + 0.2093 = 2.4918$$

(2) $e^{0.913}$을 계산하기 위한 2차 보간다항식과 값을 구하시오.

$$L_0(x) = \frac{(x-0.91)(x-0.92)}{0.0002}, \quad L_1(x) = -\frac{(x-0.90)(x-0.92)}{0.0001},$$

$$L_2(x) = \frac{(x-0.90)(x-0.91)}{0.0002}$$

$$P_2(x) = L_0(x)y_0 + L_1(x)y_1 + L_2(x)y_2 = 1.5x^2 - 0.245x + 1.4651$$

$$P_2(0.913) = 1.5(0.913^2) - 0.245(0.913) + 1.4651 = 2.4917685$$

5-3 다음 자료에 대하여 아래 물음에 답하시오.

x	$\ln(x)$
5.0	1.6094
5.1	1.6292
5.2	1.6487

(1) $\ln(5.08)$ 계산을 위한 선형보간다항식과 값을 구하시오.

$$L_0(x) = -\frac{x-5.1}{0.1}, \quad L_1(x) = \frac{x-5.0}{0.1}$$

$$P_1(x) \equiv y = L_0(x)y_0 + L_1(x)y_1 = 0.198x + 0.6194$$

$$P_1(5.08) = 0.198(5.08) + 0.6194 = 1.62524$$

(2) $\ln(5.08)$ 계산을 위한 2차 보간다항식과 값을 구하시오.

$$L_0(x) = \frac{(x-5.1)(x-5.2)}{0.02}, \quad L_1(x) = -\frac{(x-5.0)(x-5.2)}{0.01},$$

$$L_2(x) = \frac{(x-5.0)(x-5.1)}{0.02}$$

$$P_2(x) = L_0(x)y_0 + L_1(x)y_1 + L_2(x)y_2 = -0.015x^2 + 0.3495x + 0.2369$$

$$P_2(5.08) = -0.015(5.08^2) + 0.3495(5.08) + 0.2369 = 1.625264$$

5-4 세 점 $(x_0, y_0), (x_1, y_1), (x_2, y_2)$가 다음과 같다.

$$x_0 < x_1 < x_2, \quad x_1 - x_0 = x_2 - x_1, \quad x_0 < x < x_2$$

2차 보간다항식은 다음과 같음을 보이시오.

$$P_2(x) = P_1(x) + \frac{1}{2}\mu(\mu-1)[(y_2 - y_1) - (y_1 - y_0)]$$

여기서 $P_1(x) = y_0 + \mu(y_1 - y_0)$, $\mu = (x - x_0)/(x_1 - x_0)$.

2차 보간다항식의 좌변은

$$P_2(x) = L_0(x)y_0 + L_1(x)y_1 + L_2(x)y_2$$

$$= \frac{(x-x_1)(x-x_2)}{(x_0-x_1)(x_0-x_2)}y_0 + \frac{(x-x_0)(x-x_2)}{(x_1-x_0)(x_1-x_2)}y_1 + \frac{(x-x_0)(x-x_1)}{(x_2-x_0)(x_2-x_1)}y_2$$

$$= \frac{(x-x_1)(x-x_2)}{2h^2}y_0 + \frac{(x-x_0)(x-x_2)}{-h^2}y_1 + \frac{(x-x_0)(x-x_1)}{2h^2}y_2,$$

$$h = x_1 - x_0 = x_2 - x_1$$

이고, 우변은 아래와 같다.

$$P_1(x) + \frac{1}{2}\mu(\mu-1)[(y_2 - y_1) - (y_1 - y_0)]$$

$$= \left[1 - \mu + \frac{\mu(\mu-1)}{2}\right]y_0 + [\mu - \mu(\mu-1)]y_1 + \left[\frac{\mu(\mu-1)}{2}\right]y_2$$

그리고 다음이 성립하므로 좌변과 우변은 같다.

$$1 - \mu + \frac{\mu(\mu-1)}{2} = \frac{1}{2}(\mu-1)(\mu-2) = \frac{1}{2}\frac{x-x_1}{x_1-x_0}\frac{x-x_2}{x_1-x_0} = \frac{(x-x_1)(x-x_2)}{2h^2}$$

$$\mu - \mu(\mu-1) = \frac{x-x_0}{x_1-x_0}\frac{-(x-x_2)}{x_1-x_0} = \frac{(x-x_0)(x-x_2)}{-h^2}$$

$$\frac{\mu(\mu-1)}{2} = \frac{1}{2}\frac{x-x_0}{x_1-x_0}\frac{x-x_1}{x_1-x_0} = \frac{(x-x_0)(x-x_1)}{2h^2}$$

5-5 다음 2차 함수 $P_2(x)$가 보간다항식임이 되는 것을 보이시오.

$$P_2(x) = f(x_0) + (x - x_0)f[x_0, x_1] + (x - x_0)(x - x_1)f[x_0, x_1, x_2].$$

함수 $P_2(x)$의 차수는 2이하이다.

x_0에 대하여 $P_2(x_0) = f(x_0) + 0 + 0 = f(x_0)$

x_1에 대하여 $P_2(x_1) = f(x_0) + (x_1 - x_0)f[x_0, x_1] + 0$

$$= f(x_0) + (x_1 - x_0)\frac{f(x_1) - f(x_0)}{x_1 - x_0} + 0 = f(x_1)$$

x_2에 대하여

$$\begin{aligned} P_2(x_2) &= f(x_0) + (x_2 - x_0)f[x_0, x_1] + (x_2 - x_0)(x_2 - x_1)f[x_0, x_1, x_2] \\ &= f(x_0) + (x_2 - x_0)f[x_0, x_1] + (x_2 - x_0)(x_2 - x_1)\frac{f[x_1, x_2] - f[x_0, x_1]}{x_2 - x_0} \\ &= f(x_0) + (x_1 - x_0)f[x_0, x_1] + (x_2 - x_1)f[x_1, x_2] \\ &= f(x_2) \end{aligned}$$

보간다항식의 유일성에 따라 $P_2(x)$는 2차 보간다항식이다

5-6 다음 함수에 대하여 아래 물음에 답하시오.

$$f(x) = x + \frac{2}{x}$$

(1) $x_0 = 0.5, x_1 = 1.0, x_2 = 1.5, x_3 = 2.0$가 주어질 때 $f(x_i)$를 계산한 다음, 표 5.2.2와 같은 차분을 구하시오.

i	x_i	$f(x_i) = y_i$	$f[,]$	$f[,,]$	$f[,,,]$
0	0.5	9/2			
1	1.0	3	-3		
2	1.5	17/6	-1/3	8/3	
3	2.0	3	1/3	2/3	-4/3

(2) 식 (5.2.5)를 사용하여 3차 보간다항식 $P_3(x)$를 구하시오.

$$\begin{aligned} P_3(x) = f(x_0) &+ (x - x_0)f[x_0, x_1] + (x - x_0)(x - x_1)f[x_0, x_1, x_2] \\ &+ (x - x_0)(x - x_1)(x - x_2)f[x_0, x_1, x_2, x_3] \end{aligned}$$

$$= -\frac{4}{3}x^3 + \frac{20}{3}x^2 - \frac{32}{3}x + \frac{25}{3}$$

(3) $x = 1.4$ 때의 값을 3차 보간다항식 $P_3(1.4)$로 계산하시오.

$$P_3(1.4) = -\frac{4}{3}(1.4^3) + \frac{20}{3}(1.4^2) - \frac{32}{3}(1.4) + \frac{25}{3} = \frac{351}{125}$$

(4) 위 값 $P_3(1.4)$를 구하는 프로그램을 작성하시오.

5-7 다음 함수에 대하여 아래 물음에 답하시오.

$$f(x) = x + \frac{3}{x}$$

(1) $x_0 = 0.5, x_1 = 1.0, x_2 = 1.5, x_3 = 2.0$ 가 주어질 때 3차 보간다항식을 구하고, $P_3(0.8), P_3(1.4), P_3(1.9)$ 를 계산하시오.

i	x_i	$f(x_i) = y_i$	$f[,]$	$f[,,]$	$f[,,,]$
0	0.5	6.5			
1	1.0	4.0	-5.0		
2	1.5	3.5	-1.0	4.0	
3	2.0	3.5	0.0	1.0	-2.0

$P_3(x) = -2x^3 + 10x^2 - 16.5x + 12.5$

$P_3(0.8) = 4.676, \quad P_3(1.4) = 3.512, \quad P_3(1.9) = 3.532$

(2) $x_0 = 0.5, x_1 = 1.0, x_2 = 1.5, x_3 = 2.0, x_4 = 2.5$ 가 주어질 때 4차 보간다항식을 구하고, $P_4(0.8), P_4(1.4), P_4(1.9)$ 를 계산하시오.

i	x_i	$f(x_i) = y_i$	$f[,]$	$f[,,]$	$f[,,,]$	$f[,,,,]$
0	0.5	6.5				
1	1.0	4.0	-5			
2	1.5	3.5	-1	4		
3	2.0	3.5	0	1	-2	
4	2.5	3.7	0.4	0.4	-0.4	0.8

$P_4(x) = 0.8x^4 - 6x^3 + 17x^2 - 21.5x + 13.7$

$P_4(0.8) = 4.63568, \quad P_4(1.4) = 3.52928, \quad P_4(1.9) = 2308/661$

5-8 다음 함수에 대하여 아래 물음에 답하시오.

$$f(x) = x^x$$

(1) $x_0 = 0.5, x_1 = 1.0, x_2 = 1.5, x_3 = 2.0$ 가 주어질 때 3차 보간다항식을 구하고, $P_3(0.8), P_3(1.4), P_3(1.9)$ 를 계산하시오.

i	x_i	$f(x_i) = y_i$	$f[,]$	$f[,,]$	$f[,,,]$
0	0.5	985/1393			

1	1.0	1	577/985		
2	1.5	1861/1013	1696/1013	603/554	
3	2.0	4	4382/1013	2511/947	223/214

$$P_3(x)=\frac{223}{214}x^3-\frac{1999}{981}x^2+\frac{1415}{778}x+\frac{611}{3454}$$

$$P_3(0.8)=\frac{503}{584},\quad P_3(1.4)=\frac{1147}{722},\quad P_3(1.9)=\frac{2900}{847}$$

(2) $x_0=0.5, x_1=1.0, x_2=1.5, x_3=2.0, x_4=2.5$가 주어질 때 4차 보간다항식을 구하고, $P_4(0.8), P_4(1.4), P_4(1.9)$를 계산하시오.

i	x_i	$f(x_i)=y_i$	$f[,]$	$f[,,]$	$f[,,,]$	$f[,,,,]$
0	0.5	985/1393				
1	1.0	1	577/985			
2	1.5	1861/1013	1696/1013	603/554		
3	2.0	4	4382/1013	2511/947	223/214	
4	2.5	2431/246	1447/123	7193/967	2419/758	1973/1836

$$P_4(x)=\frac{1973}{1836}x^4-\frac{6293}{1453}x^3+\frac{3005}{408}x^2-\frac{2248}{459}x+\frac{2177}{1217}$$

$$P_4(0.8)=\frac{3775}{4677},\quad P_4(1.4)=\frac{843}{523},\quad P_4(1.9)=\frac{2379}{706}$$

(3) 위 문제를 해결하는 프로그램을 작성한 다음, 그 값을 구하시오.

5-9 Chebyshev 결절점인 식 (5.3.10)을 방정식 $T_n(x)=0$을 이용하여 구하시오.

$T_n(x)=\cos(n\theta)$ 이므로

$$T_n(x)=0 \;\Rightarrow\; \cos(n\theta)=0 \;\Rightarrow\; x=\cos(\theta),\quad 0\le\theta\le\pi$$

$$n\theta=\pm(2i+1)\frac{\pi}{2},\quad i\ge 0$$

$$\theta=\pm\frac{2i+1}{2n}\pi,\quad i\ge 0$$

$$x_i=\cos(\theta)=\cos\left(\frac{2i+1}{2n}\pi\right),\quad i=0,1,\cdots,n-1$$

5-10 구간 $[-1,1]$ 에서 $f(x)=\ln(x+2)$ 에 대한 3차 보간다항식을 다음 순서로 구하시오.

(1) Chebyshev 결절점을 구하고, 그 점에서의 $f(x)$ 를 계산하시오.

$n=3$ 인 경우 Chebyshev 결절점 x_i 와 $f(x_i)$

i	x_i	$f(x_i)=y_i$
0	−0.92387953	0.07336241
1	−0.38268343	0.48076834
2	0.38268343	0.86822735
3	0.92387953	1.07291134

(2) Newton 차분을 구하시오.

i	$f(x_i)=y_i$	$f[,]$	$f[,,]$	$f[,,,]$
0	0.07336241			
1	0.48076834	0.75278799		
2	0.86822735	0.50623959	−0.18869997	
3	1.07291134	0.37820671	−0.09799213	0.04909073

(3) 보간다항식공식을 이용하여 Lagrange−Chebyshev 근사다항식을 구하시오.

$$C_3(x)=0.04909073x^3-0.14334605x^2+0.49905042x+0.69549038$$

5-11 구간 $[-1,1]$ 에서 $f(x)=\ln(x+2)$ 에 대한 3차 보간다항식을 다음 순서로 구하시오.

(1) 구간 $[-1,1]$은 3등분한 결절점 $-1,-1/3,1/3,1$ 에서 $f(x)$ 를 구하시오.

$n=3$ 인 경우 3등분한 결절점 x_i 와 $f(x_i)$

i	x_i	$f(x_i)=y_i$
0	−1	0
1	−1/3	0.51082562
2	1/3	0.84729786
3	1	1.09861229

(2) Newton의 차분을 구하시오.

i	$f(x_i)=y_i$	$f[,]$	$f[,,]$	$f[,,,]$
0	0			
1	0.51082562	0.76623844		
2	0.84729786	0.50470835	-0.19614756	
3	1.09861229	0.37697164	-0.09580253	0.05017251

(3) Newton 차분보간다항식을 구하시오.

$$P_3(x)=0.05017251x^3-0.14597505x^2+0.49913363x+0.69528119$$

6장 연습문제

6-1 예제 6.1.1에 있는 적분을 중간점 법칙으로 계산하시오.

(1) $n=4$

$[a,b]=[1,2]$, $n=4$, $h=(b-a)/n=0.25$, $y_j=a+\left(j-\frac{1}{2}\right)h$

j	y_j	$f(y_j)$
1	9/8	8/9
2	11/8	8/11
3	13/8	8/13
4	15/8	8/15

$$\sum_{j=1}^{n} f(y_j)=929/336$$

$$M_n(f)=h\sum_{j=1}^{n} f(y_j)=1173/1697$$

(2) $n=6$

$[a,b]=[1,2]$, $n=6$, $h=(b-a)/n=1/6$, $y_j=a+\left(j-\frac{1}{2}\right)h$

j	y_j	$f(y_j)$
1	13/12	12/13
2	5/4	4/5

3	17/12	12/17
4	19/12	12/19
5	7/4	4/7
6	23/12	12/23

$$\sum_{j=1}^{n} f(y_j) = 2297/553$$

$$M_n(f) = h\sum_{j=1}^{n} f(y_j) = 2279/3292$$

(3) $n=8$

$[a,b]=[1,2]$, $n=8$, $h=(b-a)/n=1/8$, $y_j = a+\left(j-\frac{1}{2}\right)h$

j	y_j	$f(y_j)$
1	17/16	16/17
2	19/16	16/19
3	21/16	16/21
4	23/16	16/23
5	25/16	16/25
6	27/16	16/27
7	29/16	16/29
8	31/16	16/31

$$\sum_{j=1}^{n} f(y_j) = 604/109$$

$$M_n(f) = h\sum_{j=1}^{n} f(y_j) = 151/218$$

(4) 위 값을 계산하는 프로그램을 작성하시오.

6-2 예제 6.2.1에 있는 적분을 사다리꼴 법칙으로 계산하시오.

(1) $n=4$

$[a,b]=[1,2]$, $n=4$, $h=(b-a)/n=1/4$, $x_j = a+jh$

j	x_j	$f(x_j)$
0	1	1

1	5/4	4/5
2	3/2	2/3
3	7/4	4/7
4	2	1/2

$\sum_{j=1}^{n-1} f(x_j)$ =214/105

$$T_n(f) = h\left[\frac{1}{2}f(x_0) + \sum_{j=1}^{n-1} f(x_j) + \frac{1}{2}f(x_n)\right] = 1171/1680$$

(2) $n=6$

$[a,b]=[1,2]$, $n=6$, $h=(b-a)/n=1/6$, $x_j = a + jh$

j	x_j	$f(x_j)$
0	1	1
1	7/6	6/7
2	4/3	3/4
3	3/2	2/3
4	5/3	3/5
5	11/6	6/11
6	2	1/2

$\sum_{j=1}^{n-1} f(x_j)$ =1207/353

$$T_n(f) = h\left[\frac{1}{2}f(x_0) + \sum_{j=1}^{n-1} f(x_j) + \frac{1}{2}f(x_n)\right] = 312/449$$

(3) $n=8$

$[a,b]=[1,2]$, $n=8$, $h=(b-a)/n=1/8$, $x_j = a + jh$

j	x_j	$f(x_j)$
0	1	1
1	9/8	8/9
2	5/4	4/5
3	11/8	8/11

4	3/2	2/3
5	13/8	8/13
6	7/4	4/7
7	15/8	8/15
8	2	1/2

$$\sum_{j=1}^{n-1} f(x_j) = 1292/269$$

$$T_n(f) = h\left[\frac{1}{2}f(x_0) + \sum_{j=1}^{n-1} f(x_j) + \frac{1}{2}f(x_n)\right] = 1972/2841$$

(4) 위 값을 계산하는 프로그램을 작성하시오.

6-3 예제 6.3.1에 있는 적분을 Simpson 법칙으로 계산하시오.

(1) $n = 4$

$[a,b] = [1,2]$, $n = 4$, $h = (b-a)/n = 1/4$, $x_j = a + jh$

j	x_j	$f(x_j)$
0	1	1
1	5/4	4/5
2	3/2	2/3
3	7/4	4/7
4	2	1/2

$$\sum_{j=1(2)(n-1)} f(x_j) = 48/35, \quad \sum_{j=2(2)(n-2)} f(x_j) = 2/3$$

$$S_n(f) = \frac{h}{3}\left[f(x_0) + 4\sum_{j=1(2)(n-1)} f(x_j) + 2\sum_{j=2(2)(n-2)} f(x_j) + f(x_n)\right] = 1747/2520$$

(2) $n = 6$

$[a,b] = [1,2]$, $n = 6$, $h = (b-a)/n = 1/6$, $x_j = a + jh$

j	x_j	$f(x_j)$
0	1	1
1	7/6	6/7

2	4/3	3/4
3	3/2	2/3
4	5/3	3/5
5	11/6	6/11
6	2	1/2

$$\sum_{j=1(2)(n-1)} f(x_j) = 478/231\,, \quad \sum_{j=2(2)(n-2)} f(x_j) = 27/20$$

$$S_n(f) = \frac{h}{3}\left[f(x_0) + 4\sum_{j=1(2)(n-1)} f(x_j) + 2\sum_{j=2(2)(n-2)} f(x_j) + f(x_n) \right] = 680/981$$

(3) $n=8$

$[a,b]=[1,2]$, $n=8$, $h=(b-a)/n=1/8$, $x_j = a+jh$

j	x_j	$f(x_j)$
0	1	1
1	9/8	8/9
2	5/4	4/5
3	11/8	8/11
4	3/2	2/3
5	13/8	8/13
6	7/4	4/7
7	15/8	8/15
8	2	1/2

$$\sum_{j=1(2)(n-1)} f(x_j) = 929/336\,, \quad \sum_{j=2(2)(n-2)} f(x_j) = 214/105$$

$$S_n(f) = \frac{h}{3}\left[f(x_0) + 4\sum_{j=1(2)(n-1)} f(x_j) + 2\sum_{j=2(2)(n-2)} f(x_j) + f(x_n) \right] = 567/818$$

(4) 위 값을 계산하는 프로그램을 작성하시오.

6-4 예제 6.4.1에 있는 적분을 Gauss-Legendre 법칙으로 계산하시오.

(1) $n=4$

$[a,b]=[-1,1]$, $n=4$

j	w_j	x_j	$f(x_j)$
1	0.6521451549	-0.3399810436	0.7117838155
2	0.6521451549	0.3399810436	1.4049209581
3	0.3478548451	-0.8611363116	0.422681511
4	0.3478548451	0.8611363116	2.3658475069

$$I_n(f)=\sum_{j=1}^{n} w_j f(x_j)=2.35040209$$

(2) $n=6$

$[a,b]=[-1,1]$, $n=6$

j	w_j	x_j	$f(x_j)$
1	0.1713244924	-0.9324695142	0.39358056
2	0.3607615730	-0.6612093865	0.51622664
3	0.4679139346	-0.2386191861	0.78771480
4	0.4679139346	0.2386191861	1.26949500
5	0.3607615730	0.6612093865	1.93713366
6	0.1713244924	0.9324695142	2.54077592

$$I_n(f)=\sum_{j=1}^{n} w_j f(x_j)=2.35040239$$

(3) $n=8$

$[a,b]=[-1,1]$, $n=8$

j	w_j	x_j	$f(x_j)$
1	0.1012285363	-0.9602898565	0.38278192
2	0.3626837834	0.1834346425	1.20133645
3	0.2223810345	-0.7966664774	0.45082931
4	0.3137066459	0.5255324099	1.69135911
5	0.3137066459	-0.5255324099	0.59124050
6	0.2223810345	0.7966664774	2.21813439
7	0.3626837834	-0.1834346425	0.83240628

8	0.1012285363	0.9602898565	2.612453600

$$I_n(f) = \sum_{j=1}^{n} w_j f(x_j) = 2.35040239$$

(4) 위 값을 계산하는 프로그램을 작성하시오.

6-5 다음 적분을 사다리꼴 법칙으로 계산하시오.

$$\int_0^1 e^{-x^2} dx \doteq 0.74682413281243$$

(1) $n=4$

$[a,b]=[0,1]$, $n=4$, $t_j = \dfrac{(b-a)x_j + a + b}{2}$

j	w_j	t_j	$f(t_j)$
1	0.6521451549	0.3300094782	0.89681448
2	0.6521451549	0.6699905218	0.63833804
3	0.3478548451	0.0694318442	0.99519082
4	0.3478548451	0.9305681558	0.42064876

$$I_n = \frac{b-a}{2} \sum_{j=1}^{n} w_j f\left(t_j\right) = 0.74682447$$

(2) $n=6$

$[a,b]=[0,1]$, $n=6$, $t_j = \dfrac{(b-a)x_j + a + b}{2}$

j	w_j	t_j	$f(t_j)$
1	0.1713244924	0.0337652429	0.99886056
2	0.3607615730	0.6193095930	0.68144184
3	0.4679139346	0.1693953067	0.97171302
4	0.4679139346	0.8306046932	0.50162414
5	0.3607615730	0.3806904069	0.86508701
6	0.1713244924	0.9662347571	0.39313209

$$I_n = \frac{b-a}{2} \sum_{j=1}^{n} w_j f\left(t_j\right) = 0.74682413$$

(3) $n=8$

$[a,b]=[0,1]$, $n=8$, $t_j=\dfrac{(b-a)x_j+a+b}{2}$

j	w_j	t_j	$f(t_j)$
1	0.1012285363	0.01985507175	0.99960585
2	0.3626837834	0.59171732125	0.70459692
3	0.2223810345	0.10166676130	0.98971710
4	0.3137066459	0.76276620495	0.55888459
5	0.3137066459	0.23723379505	0.94527454
6	0.2223810345	0.89833323870	0.44619348
7	0.3626837834	0.40828267875	0.84645796
8	0.1012285363	0.98014492825	0.38263105

$$I_n=\frac{b-a}{2}\sum_{j=1}^{n}w_jf\left(t_j\right)=0.74682413$$

6-6 X가 표준정규분포를 따르면 확률밀도함수 $f(x)$는 다음과 같다.

$$f(x)=\frac{1}{\sqrt{2\pi}}e^{-\frac{x^2}{2}},\quad -\infty<x<\infty$$

다음 확률을 $n-$점 Gauss-Legendre 법칙으로 계산하시오.

$$P(-1<X<1)=\int_{-1}^{1}f(x)dx$$

(1) $n=4$

$[a,b]=[-1,1]$, $n=4$

j	w_j	x_j	$f(x_j)$
1	0.6521451549	-0.3399810436	0.37653959
2	0.6521451549	0.3399810436	0.37653959
3	0.3478548451	-0.8611363116	0.27534886
4	0.3478548451	0.8611363116	0.27534886

$$I_n(f)=\sum_{j=1}^{n}w_jf(x_j)=0.68267981$$

(2) $n=6$

$[a,b]=[-1,1]$, $n=6$

j	w_j	x_j	$f(x_j)$
1	0.1713244924	-0.9324695142	0.25828588
2	0.3607615730	-0.6612093865	0.38774472
3	0.4679139346	-0.2386191861	0.32060756
4	0.4679139346	0.2386191861	0.32060756
5	0.3607615730	0.6612093865	0.38774472
6	0.1713244924	0.9324695142	0.25828588

$$I_n(f)=\sum_{j=1}^{n} w_j f(x_j)=.68268949$$

(3) $n=8$

$[a,b]=[-1,1]$, $n=8$

j	w_j	x_j	$f(x_j)$
1	0.1012285363	-0.9602898565	0.25157432
2	0.3626837834	0.1834346425	0.39228657
3	0.2223810345	-0.7966664774	0.29046352
4	0.3137066459	0.5255324099	0.34748607
5	0.3137066459	-0.5255324099	0.34748607
6	0.2223810345	0.7966664774	0.29046352
7	0.3626837834	-0.1834346425	0.39228657
8	0.1012285363	0.9602898565	0.25157432

$$I_n(f)=\sum_{j=1}^{n} w_j f(x_j)=0.68268949$$

6-7 X가 평균이 10, 표준편차가 3인 정규분포를 따른다고 하자. 다음 확률을 n-점 Gauss-Legendre 법칙으로 계산하시오.

힌트. $X \sim N(\mu,\sigma^2)$일 때 확률밀도함수 $f(x)$는

$$f(x)=\frac{1}{\sqrt{2\pi}\sigma}e^{-\frac{(x-\mu)^2}{2}},\ -\infty<x<\infty$$ 이고, 확률 $P(a<X<b)=\int_a^b f(x)dx$ 이다.

(1) $P(7<X<13), \quad n=4$

$[a,b]=[7,13]$, $n=4$, $t_j=\dfrac{(b-a)x_j+a+b}{2}$

j	w_j	t_j	$f(t_j)$
1	0.6521451549	8.9800568692	0.07904857
2	0.6521451549	11.0199431308	0.07904857
3	0.3478548451	7.4165910652	0.00472659
4	0.3478548451	12.5834089348	0.00472659

$$I_n=\frac{b-a}{2}\sum_{j=1}^{n}w_jf\left(t_j\right)=0.31917185$$

(2) $P(7<X<13), \quad n=8$

$[a,b]=[7,13]$, $n=8$, $t_j=\dfrac{(b-a)x_j+a+b}{2}$

j	w_j	t_j	$f(t_j)$
1	0.1012285363	7.1191304305	0.00209698
2	0.3626837834	10.5503039275	0.11429551
3	0.2223810345	7.6100005678	0.00764579
4	0.3137066459	11.5765972297	0.03837380
5	0.3137066459	8.4234027703	0.03837380
6	0.2223810345	12.3899994322	0.00764579
7	0.3626837834	9.4496960725	0.11429551
8	0.1012285363	12.8808695695	0.00209698

$$I_n=\frac{b-a}{2}\sum_{j=1}^{n}w_jf\left(t_j\right)=0.33242279$$

(3) $P(7<X<16), \quad n=4$

$[a,b]=[7,16]$, $n=4$, $t_j=\dfrac{(b-a)x_j+a+b}{2}$

j	w_j	t_j	$f(t_j)$
1	0.6521451549	9.9700853038	0.13292127

2	0.6521451549	13.0299146962	0.00134988
3	0.3478548451	7.6248865978	0.00792183
4	0.3478548451	15.3751134022	0.00000007

$$I_n = \frac{b-a}{2}\sum_{j=1}^{n} w_j f\left(t_j\right) = 0.40643978$$

(4) $P(7 < X < 16), \quad n = 8$

$[a,b] = [7,16]$, $n = 8$, $t_j = \dfrac{(b-a)x_j + a + b}{2}$

j	w_j	t_j	$f(t_j)$
1	0.1012285363	7.17869564575	0.00248513
2	0.3626837834	12.32545589125	0.00890210
3	0.2223810345	7.91500085170	0.01512870
4	0.3137066459	13.86489584455	0.00007589
5	0.3137066459	9.13510415545	0.09148564
6	0.2223810345	15.08499914830	0.00000032
7	0.3626837834	10.67454410875	0.10592164
8	0.1012285363	15.82130435425	0.00000001

$$I_n = \frac{b-a}{2}\sum_{j=1}^{n} w_j f\left(t_j\right) = 0.33292930$$

7장 연습문제

7-1 다음 자료를 사용하여 아래 물음에 답하시오.

x	4	4	6	8	10	10	12
y	8	9	13	19	23	24	28

선형회귀방정식 $P_1(x) \equiv \hat{y} = a + bx$ 를 구하고자 한다.

(1) Σx_i, Σx_i^2, Σy_i, $\Sigma x_i y_i$ 을 를 계산하시오.

								합	제곱합
x	4	5	6	8	10	10	12	54	476
y	8	9	13	19	23	24	28	124	
xy	32	45	78	152	230	240	336	1104	

$n=7$,

$\sum x_i = 54$, $\sum x_i^2 = 476$, $\sum y_i = 124$, $\sum x_i y_i = 1104$

(2) 정규방정식을 적으시오.

식 (7.1.5)로 표현하면

$$7a + 54b = 124$$
$$54a + 476b = 1104$$

또는 식 (7.1.6), (7.1.15) $Ab = d$로 표현하면

$$A = \begin{bmatrix} n & \sum x_i \\ \sum x_i & \sum x_i^2 \end{bmatrix} = \begin{bmatrix} 7 & 54 \\ 54 & 476 \end{bmatrix},\quad d = \begin{bmatrix} \sum y_i \\ \sum x_i y_i \end{bmatrix} = \begin{bmatrix} 124 \\ 1104 \end{bmatrix}$$

(3) a,b를 구하시오.

$$a = \overline{y} - b\overline{x} = \frac{124}{7} - b\frac{54}{7} = -1.4230769$$

$$b = \frac{\sum x_i y_i - \frac{(\sum x_i)(\sum y_i)}{n}}{\sum x_i^2 - \frac{(\sum x_i)^2}{n}} = \frac{1104 - \frac{(54)(124)}{7}}{476 - \frac{(54)^2}{7}} = 2.4807692$$

(4) 적합된 회귀직선을 구하시오.

$P_1(x) \equiv \hat{y} = a + bx = -1.4231 + 2.4808x$

7-2 다음 자료를 사용하여 아래 물음에 답하시오.

x	2	3	4	5	6
y	4.2	5.7	6.5	8.1	8.9

선형회귀방정식 $P_1(x) \equiv \hat{y} = a + bx$를 구하고자 한다.

(1) $\sum x_i$, $\sum x_i^2$, $\sum y_i$, $\sum x_i y_i$을 를 계산하시오.

$n=5$,

$\sum x_i = 20$, $\sum x_i^2 = 90$, $\sum y_i = 33.4$, $\sum x_i y_i = 145.4$

(2) 정규방정식을 적으시오.

식 (7.1.5)로 표현하면

$$5a + 20b = 33.4$$
$$20a + 90b = 145.4$$

또는 식 (7.1.6), (7.1.15) $Ab = d$로 표현하면

$$A = \begin{bmatrix} n & \sum x_i \\ \sum x_i & \sum x_i^2 \end{bmatrix} = \begin{bmatrix} 2 & 20 \\ 20 & 90 \end{bmatrix}, \quad d = \begin{bmatrix} \sum y_i \\ \sum x_i y_i \end{bmatrix} = \begin{bmatrix} 33.4 \\ 145.4 \end{bmatrix}$$

(3) a, b를 구하시오.

$a = 1.95\dot{9}$, $b = 1.18$

(4) 적합된 회귀직선을 구하시오.

$\hat{y} = 1.95\dot{9} + 1.18x$

7-3 다음 자료를 사용하여 아래 물음에 답하시오.

x	2	3	4	5	6
y	3.69	10.05	27.30	74.10	201.70

(1) 함수 $f(x) = ae^{bx}$를 적절한 변환을 취하여 선형모형으로 바꾸시오.

함수 $f(x) = ae^{bx}$를 변형한 선형모형은 다음과 같다.

$$Y = A + bx + \varepsilon$$

여기서 $Y = \ln(y)$, $A = \ln(a)$.

(2) 변형된 선형모형에서 정규방정식을 구하시오.

정규방정식은 다음과 같다.

$$nA + b\sum x_i = \sum Y_i$$
$$A\sum x_i + b\sum x_i^2 = \sum x_i Y_i$$

(3) 미지의 계수 a, b를 추정하시오.

i	x_i	y_i	$Y_i = \ln(y_i)$	x_i^2	$x_i Y_i$
1	2	3.69	1.30562646	4	2.61125292
2	3	10.05	2.30757263	9	6.92271790
3	4	27.30	3.30688670	16	13.22754681
4	5	74.10	4.30541553	25	21.52707766

5	6	201.70	5.30678144	36	31.84068867
합	20		16.53228277	90	76.12928396

정규방정식은

$$5A + 20b = 16.53228277$$
$$20A + 90b = 76.12928396$$

이고, A와 b는 각각 다음과 같다.

$$A = -0.69360459,\quad b = 1.00001529$$

(4) 적합된 곡선을 적으시오.

$A = \ln(a)$ 이므로 $a = e^A = e^{-0.69360459} = 0.4998$ 이다.

따라서 적합시킨 곡선은 다음과 같다.

$P(x) = \hat{y} = 1.00002e^{0.4998x}$

7-4 다음 자료로 최소제곱법으로 적합시킨 모형 $\hat{y} = ae^{bx}$를 구하시오.

x	2	3	4	5	6	7
y	12.75	17.30	23.31	31.40	42.35	57.15

정규방정식은

$$6A + 27b = 19.78357593$$
$$27A + 139b = 94.26831758$$

이고, A와 b는 각각 다음과 같다.

$$A = 1.94926171,\quad b = 0.29955577$$

$A = \ln(a)$ 이므로 $a = e^A = e^{1.94926171} = 7.0235$ 이다. 따라서 적합시킨 곡선은 다음과 같다.

$P(x) = \hat{y} = 0.2996e^{7.0235x}$

7-5 다음 자료를 사용하여 아래 물음에 답하시오.

x_1	4	6	8	9	10	12
x_2	4	5	10	12	13	15
y	9	10	19	20	24	29

중회귀방정식 $P(x) \equiv \hat{y} = b_0 + b_1x_1 + b_2x_2$를 구하고자 한다.

(1) 식 (7.1.15) $Ab=d$ 의 A 와 d 를 구하시오.

i	x_1	x_2	y	x_1x_2	x_1y	x_2y
1	4	4	9	16	36	36
2	6	5	10	30	60	50
3	8	10	19	80	152	190
4	9	12	20	108	180	240
5	10	13	24	130	240	312
6	12	15	29	180	348	435
합	49	59	111	544	1016	1263
제곱합	441	679				

(7.1.15)의 A, d를 구하면 다음과 같다

$$A=\begin{bmatrix} n & \sum x_{1i} & \sum x_{2i} \\ \sum x_{1i} & \sum x_{1i}^2 & \sum x_{1i}x_{2i} \\ \sum x_{2i} & \sum x_{2i}x_{1i} & \sum x_{2i}^2 \end{bmatrix}=\begin{bmatrix} 6 & 49 & 59 \\ 49 & 441 & 544 \\ 59 & 544 & 679 \end{bmatrix},\quad d=\begin{bmatrix} \sum y_i \\ \sum x_{1i}y_i \\ \sum x_{2i}y_i \end{bmatrix}=\begin{bmatrix} 111 \\ 1016 \\ 1263 \end{bmatrix}$$

(2) b_0, b_1, b_2 를 Gauss 소거법으로 구하시오.

$$[A|d]=\left[\begin{array}{ccc|c} 6 & 49 & 59 & 111 \\ 49 & 441 & 544 & 1016 \\ 59 & 544 & 679 & 1263 \end{array}\right] \quad m_{21}=\frac{49}{6},\quad m_{31}=\frac{59}{6}$$

$$\Rightarrow \left[\begin{array}{ccc|c} 6 & 49 & 59 & 111 \\ 0 & 245/6 & 373/6 & 219/2 \\ 0 & 373/6 & 593/6 & 343/2 \end{array}\right] \quad m_{32}=\frac{373}{245}$$

$$\Rightarrow \left[\begin{array}{ccc|c} 6 & 49 & 59 & 111 \\ 0 & 245/6 & 373/6 & 219/2 \\ 0 & 0 & 1026/245 & 1174/245 \end{array}\right]$$

$b_2=587/513,\quad b_1=482/513,\quad b_0=-218/513$.

(3) 적합된 회귀방정식을 구하시오.

$P(x)\equiv \hat{y}=-0.42495+0.93957x_1+1.14425x_2$

7-6 문제 7-5의 자료를 사용하여 $P(x)\equiv \hat{y}=b_0+b_1x_1+b_2x_2$ 를 식 (7.1.18)로

구하고자 한다.

(1) y, X 를 적으시오.

$$y^T = [9 \quad 10 \quad 19 \quad 20 \quad 24 \quad 29]$$

$$X^T = \begin{bmatrix} 1 & 1 & 1 & 1 & 1 & 1 \\ 4 & 6 & 8 & 9 & 10 & 12 \\ 4 & 5 & 10 & 12 & 13 & 15 \end{bmatrix}, \quad b = \begin{bmatrix} b_0 \\ b_1 \\ b_2 \end{bmatrix}$$

(2) $X^T X$, $X^T y$ 를 구하시오.

$$X^T X = \begin{bmatrix} 6 & 49 & 59 \\ 49 & 441 & 544 \\ 59 & 544 & 679 \end{bmatrix}, \quad X^T y = \begin{bmatrix} 111 \\ 1016 \\ 1263 \end{bmatrix}$$

(3) Gauss−Jordan 방법으로 $(X^T X)^{-1}$ 를 구하시오.

$$[A|I] = \left[\begin{array}{ccc|ccc} 6 & 49 & 59 & 1 & 0 & 0 \\ 49 & 441 & 544 & 0 & 1 & 0 \\ 59 & 544 & 679 & 0 & 0 & 1 \end{array}\right] \Rightarrow \left[\begin{array}{ccc|ccc} 1 & 49/6 & 59/6 & 1/6 & 0 & 0 \\ 0 & 245/6 & 373/6 & -49/6 & 1 & 0 \\ 0 & 373/6 & 593/6 & -59/6 & 0 & 1 \end{array}\right]$$

$$\Rightarrow \left[\begin{array}{ccc|ccc} 1 & 0 & -13/5 & 9/5 & -1/5 & 0 \\ 0 & 1 & 373/245 & -1/5 & 6/245 & 0 \\ 0 & 0 & 1026/245 & 13/5 & -373/245 & 1 \end{array}\right]$$

$$\Rightarrow \left[\begin{array}{ccc|ccc} 1 & 0 & 0 & 3503/1026 & -1175/1026 & 637/1026 \\ 0 & 1 & 0 & -1175/1026 & 593/1026 & -373/1026 \\ 0 & 0 & 1 & 637/1026 & -373/1026 & 245/1026 \end{array}\right]$$

$$(X^T X)^{-1} = \begin{bmatrix} 3503/1026 & -1175/1026 & 637/1026 \\ & 593/1026 & -373/1026 \\ \text{대칭} & & 245/1026 \end{bmatrix}$$

(4) $b = (X^T X)^{-1} X^T y$ 를 계산하시오.

$$b = (X^T X)^{-1} X^T y = \begin{bmatrix} -218/513 \\ 482/513 \\ 587/513 \end{bmatrix}$$

(5) 적합된 중회귀방정식을 구하시오.

$$P(x) \equiv \hat{y} = -0.42495 + 0.93957 x_1 + 1.14425 x_2$$

7-7 예제 7.1.5에서 $X^T X$, $X^T y$, $(X^T X)^{-1}$ 를 계산하여 계수 $b=(X^T X)^{-1} X^T y$ 를 구하시오.

$$y^T = [21\ 20\ 29\ 31\ 37\ 38\ 38\ 39\ 35\ 37\ 28\ 30]$$

$$X^T = \begin{bmatrix} 1 & 1 & 1 & 1 & 1 & 1 & 1 & 1 & 1 & 1 & 1 & 1 \\ 35 & 35 & 40 & 40 & 45 & 45 & 50 & 50 & 55 & 55 & 60 & 60 \\ 1225 & 1225 & 1600 & 1600 & 2025 & 2025 & 2500 & 2500 & 3025 & 3025 & 3600 & 3600 \end{bmatrix}$$

$$X^T X = \begin{bmatrix} 12 & 570 & 27950 \\ 570 & 27950 & 1410750 \\ 27950 & 1410750 & 73043750 \end{bmatrix}, \quad X^T y = \begin{bmatrix} 383 \\ 18500 \\ 917200 \end{bmatrix}$$

$$(X^T X)^{-1} = \begin{bmatrix} 3878/37 & -2101/467 & 131/2800 \\ & 1125/5783 & -57/28000 \\ \text{대칭} & & 3/140000 \end{bmatrix}$$

$$b = (X^T X)^{-1} X^T y = \begin{bmatrix} -49229/280 \\ 1057/122 \\ -7/80 \end{bmatrix}$$

7-8 다음 자료를 사용하여 아래 물음에 답하시오.

x	1	2	3	4	5	6	7
y	5.1	6.3	6.6	7.0	6.6	5.7	4.8

다항회귀방정식 $P(x) \equiv \hat{y} = b_0 + b_1 x + b_2 x^2$ 를 구하고자 한다.

(1) 정규방정식을 적으시오.

$$y^T = [5.1\ 6.3\ 6.6\ 7.0\ 6.6\ 5.7\ 4.8]$$

$$X^T = \begin{bmatrix} 1 & 1 & 1 & 1 & 1 & 1 & 1 \\ 1 & 2 & 3 & 4 & 5 & 6 & 7 \\ 1 & 4 & 9 & 16 & 25 & 36 & 49 \end{bmatrix}, \quad b = \begin{bmatrix} b_0 \\ b_1 \\ b_2 \end{bmatrix}$$

$$X^T X = \begin{bmatrix} 7 & 28 & 140 \\ 28 & 140 & 784 \\ 140 & 784 & 4676 \end{bmatrix}, \quad X^T y = \begin{bmatrix} 42.1 \\ 166.3 \\ 807.1 \end{bmatrix}$$

이므로 정규방정식 $X^T Xb = X^T y$은 다음과 같다.

$$\begin{bmatrix} 7 & 28 & 140 \\ 28 & 140 & 784 \\ 140 & 784 & 4676 \end{bmatrix} \begin{bmatrix} b_0 \\ b_1 \\ b_2 \end{bmatrix} = \begin{bmatrix} 42.1 \\ 166.3 \\ 807.1 \end{bmatrix}$$

(2) b_0, b_1, b_2를 구하시오.

$$(X^T X)^{-1} = \begin{bmatrix} 17/7 & -9/7 & 1/7 \\ & 67/84 & -2/21 \\ \text{대칭} & & 1/84 \end{bmatrix}$$

이 되므로 b는 다음과 같다.

$$b = (X^T X)^{-1} X^T y = \begin{bmatrix} 261/70 \\ 277/168 \\ -181/840 \end{bmatrix} = \begin{bmatrix} 3.72857143 \\ 1.64880952 \\ -0.21547619 \end{bmatrix}$$

(3) 적합된 다항회귀방정식을 구하시오.

$P(x) \equiv \hat{y} = 3.72857 + 1.64881x - 0.21548x^2$

7-9 다음 자료를 보간하는 Spline 함수를 구하고자 한다.

x	0	1	2	3
y	0.0	0.7	2.2	1.4

(1) 연립선형방정식 (7.2.6)을 구하시오.

식 (7.2.6)에 자연경계조건을 적용한 연립방정식은 다음과 같다.

$$4m_1 + m_2 = 24/5$$
$$m_1 + 4m_2 = -69/5$$

(2) m_i를 구하시오.

$$m_1 = \frac{11}{5}, \quad m_2 = -4$$

(3) 식 (7.2.4)의 자연3차 Spline 함수를 구하시오.

연립방정식 해를 식 (7.2.4)에 대입하여 자연3차 Spline 함수를 구하면 다음과 같다.

$$s(x)=\begin{cases} \frac{11}{30}x^3+\frac{1}{3}x, & 0\le x\le 1 \\ -\frac{31}{30}x^3+\frac{21}{5}x^2-\frac{58}{15}x+\frac{7}{5}, & 1\le x\le 2 \\ \frac{2}{3}x^3-6x^2+\frac{248}{15}x-\frac{61}{5}, & 2\le x\le 3 \end{cases}$$

7-10 다음 자료를 사용하여 자연 3차 Spline 함수를 구하고자 한다.

x	0	0.5	1	2	3
y	0	4	16	30	50

(1) 연립선형방정식 (7.2.6)을 구하시오.

식 (7.2.6)에 자연경계조건을 적용한 연립방정식은 다음과 같다.

$$\begin{aligned} 2m_1+\tfrac{1}{2}m_2 \quad\quad &=96 \\ \tfrac{1}{2}m_1+3m_2+m_3 &=-60 \\ m_2+4m_3 &=36 \end{aligned}$$

(2) m_i를 구하시오.

$$m_1=\frac{398}{7},\quad m_2=-\frac{248}{7},\quad m_2=\frac{125}{7}$$

(3) 식 (7.2.4)의 자연3차 Spline 함수를 구하시오.

연립방정식 해를 식 (7.2.4)에 대입하여 자연3차 Spline 함수를 구하면 다음과 같다.

$$s(x)=\begin{cases} \frac{398}{21}x^3+\frac{137}{42}x, & 0\le x\le 0.5 \\ -\frac{646}{21}x^3+\frac{522}{7}x^2-\frac{1429}{42}x+\frac{87}{14}, & 0.5\le x\le 1 \\ \frac{373}{42}x^3-\frac{621}{14}x^2+\frac{1783}{21}x-\frac{234}{7}, & 1\le x\le 2 \\ -\frac{125}{42}x^3+\frac{375}{14}x^2-\frac{1205}{21}x+\frac{430}{7}, & 2\le x\le 3 \end{cases}$$

(4) 자연3차 Spline 함수를 구하는 프로그램을 작성하시오.

찾 아 보 기

• 저자소개 •

김 영 훈 현재 국립안동대학교 정보통계학과 교수

통계계산을 위한
기초 수치해석

2012년 1월 5일 초 판 인쇄
2012년 1월 15일 초 판 발행

저 자 / 김영훈
발행자 / 오판근
발행처 / 교우사

주 소 / 서울 동대문구 제기2동 148-19
전 화 / 925-2861(代), 편집부 / 925-2825
팩 스 / 925-2860

E-mail / kyowoo@kyowoo.co.kr
http://www.kyowoo.co.kr

등록 / 1994. 3. 24 제6-0256호

ISBN 978-89-8172-877-9 (93310)

값 15,000 원